Der Führungs-Knigge
Mitarbeiterführung – professionell und
verantwortungsvoll

II

Peter Hügelmeyer
Carsten Magnus

Der Führungs-Knigge

Mitarbeiterführung – professionell und verantwortungsvoll

ZUCKSCHWERDT

W. Zuckschwerdt Verlag
München

Illustrationen von Phil Hubbe, Magdeburg
www.hubbe-cartoons.de

Bibliografische Information der Deutschen Nationalbibliothek
Die Deutsche Nationalbibliothek verzeichnet diese Publikation in der Deutschen Nationalbibliografie; detaillierte bibliografische Daten sind im Internet über http://dnb.d-nb.de abrufbar.

Die Empfehlungen in diesem Buch sind von den Autoren und dem Verlag sorgfältig abgewogen und geprüft. Dennoch kann eine Garantie nicht übernommen werden. Eine Haftung der Autoren bzw. des Verlags und seiner Beauftragten für Personen, Sach- und Vermögensschäden ist ausgeschlossen.

Printed in Germany by Kössinger AG, D-84069 Schierling

ISBN 978-3-86371-113-9

Inhalt

Moderne Mitarbeiterführung – Quo vadis?

Moderne Mitarbeiterführung – was ist das überhaupt? Was bezweckt sie? Moderne Mitarbeiterführung holt die Mitarbeiter dort ab, wo sie stehen, und motiviert sie, ihr vorhandenes Leistungspotenzial im Sinne des Unternehmens gerne und freiwillig einzusetzen. Das übergeordnete Ziel ist der selbstständige Mitarbeiter, der im vorgegebenen Rahmen eigenverantwortlich handelt und seine Ziele erreicht. Moderne Mitarbeiterführung hilft beiden – den Führungskräften und den Mitarbeitern. Beide sollen sich im Führungsprozess entfalten können und sich persönlich weiterentwickeln. Moderne Mitarbeiterführung ist aber viel mehr als die einfache Anwendung von Führungstechniken. Diese sind selbstverständlich wichtig und man sollte sie als Führungskraft beherrschen. Zum Beispiel löst ein gut geführtes Konfliktgespräch ein Problem ohne größeren emotionalen Aufwand. Ein schlecht geführtes eskaliert unter Umständen den Konflikt. Professionelle Führungstechniken kann man in entsprechenden Trainings lernen.

Die Beherrschung reiner Techniken ist allerdings nicht ausreichend. Man braucht als Führungskraft auch Leitplanken, an denen man sich orientieren kann. Was ist in der Mitarbeiterführung erlaubt, was nicht? Was habe ich überhaupt für ein Bild von meinen Mitarbeitern? Eigenverantwortlich tätige Erwachsene oder nur kleine Rädchen im großen Firmengetriebe? Was dient mir als roter Faden für meine Führungsarbeit? Zu diesen Fragen soll dieser Führungs-Knigge eine Hilfestellung sein. Für jüngere Führungskräfte vielleicht eine erste Orientierung. Für gestandene Führungskräfte eher eine Reflektion über das eigene Führungshandeln.

Die Regeln und Empfehlungen zur Führung basieren auf einem Konzept der werteorientierten Führung. Es wurde erweitert durch Hinweise zur Führungskommunikation, da praktizierte Führung in der Kommunikationsgemeinschaft zwischen Chef und Mitarbeiter stattfindet. Die Regeln und Empfehlungen haben sich in der Führungspraxis verschiedenster Organisationen, in Verbänden und auch im öffentlichen Bereich bewährt. Das Konzept hat sich sukzessive entwickelt. Beginnend bei der eigenen Führungsausbildung der Autoren, über langjährige Anwendung in Führungsfunktionen verschiedener Unternehmen bis hin zu über zehnjähriger Erfahrung mit vielen Diskussionen im Rahmen der Aus- und Weiterbildung von Führungskräften in Workshops und Einzeltrainings der Business School für Management und Vertrieb in München. Die vierzehn Regeln und Empfehlungen sollen eine Hilfe sein. Sie behandeln jeweils unterschiedliche Aspekte guter Führung. Wir halten alle für relevant. Die Kapitel bauen nicht aufeinander auf und müssen nicht nacheinander gelesen werden. Eine Ausnahme sind die beiden ersten Kapitel, die die Grundlage darstellen. Danach kann man sich beim Lesen nach Belieben wie aus einem Baukasten bedienen.

Die beiden ersten Regeln betreffen grundlegende Fragen zur Führung. Sie sind die Basis. Die dritte bis siebte Regel stellen die eigentliche werteorientierte Führung dar. Praktizierte Führung ist eine kommunikative Interaktion. Daher behandeln die achte bis zwölfte Regel verschiedene Aspekte der kommunikativen Umsetzung von Führung in der betrieblichen Realität. Was sollte in der „normalen" täglichen Führungssituation beachtet werden, was im motivierenden Gespräch und was im schwierigen, kritischen Gespräch. Die dreizehnte Regel betrifft dann die Themen Visionen, Missionen und Blick über den Tellerrand. Regel 14 regt zum Üben und Trainieren an.

Selbstverständlich gibt es in der Theorie der Mitarbeiterführung auch andere Meinungen, selbstverständlich gäbe es auch weitere Aspekte und Empfehlungen, die ergänzt werden könnten. Wir haben uns aber bewusst auf die Bereiche beschränkt, die wir für relevant halten. Priorisieren heißt immer auch, auf Vollständigkeit zu verzichten. Dies haben wir in Kauf genommen, damit das Buch lesbar bleibt. Konkrete Hinweise und Praxistipps haben wir da integriert, wo immer sie passten. Am Ende eines jeden Abschnittes findet sich eine „Take Home Message" für den handlungsorientierten schnellen Leser unter Zeitdruck. In ihrer Gesamtheit sollen die Empfehlungen Mut machen und Interesse wecken zum Ausprobieren. Mitarbeiterführung macht Spaß. Gute Mitarbeiterführung macht viel Spaß, sowohl Vorgesetzten als auch Mitarbeitern. In diesem Sinne viel Freude beim Lesen.

Sehr herzlich danken möchten wir Herrn Werner Zuckschwerdt und Frau Dr. Anne Glöggler vom Zuckschwerdt Verlag München für die konzeptionelle und gestalterische Begleitung, aber auch für viele inhaltliche Diskussionen und Anregungen. Herrn Phil Hubbe danken wir für die humorvolle Illustration. Vielen Kollegen und Teilnehmern an unseren Workshops, die uns durch ihre konstruktiven Hinweise und Anmerkungen weitergebracht haben, möchten wir ebenfalls danken.

Peter Hügelmeyer und Carsten Magnus

Regel 1
Nehmen Sie Einfluss auf das Verhalten Ihrer Mitarbeiter

Nehmen Sie Einfluss auf das Verhalten Ihrer Mitarbeiter

Es ist eigentlich überraschend, dass so viele Menschen Führungsaufgaben anstreben. Mitarbeiter beschweren sich manchmal über Ungerechtigkeiten in ihrer Firma. Häufig sind die Klagen nachvollziehbar. Führungskräfte werden hingegen nicht nur manchmal, sondern regelmäßig ungerecht behandelt und beurteilt. Wenn etwas erfolgreich war, waren hierfür immer die Mitarbeiter oder die Produkte verantwortlich. Es war nie der Chef. Geht etwas schief, hat in der öffentlichen Meinung immer der Chef seinen Laden nicht im Griff. Wenn dumme Witze gemacht werden, dann häufig über die Chefs. Und nicht zuletzt: Führung macht einsam. Wenn ein Geschäftsführer ein menschliches Bedürfnis nach Diskussion und Austausch hat, wo geht er dann hin? Zu seinen Mitarbeitern? Selten. Es muss also etwas geben, was Führungsaufgaben reizvoll erscheinen lässt. Mehr Geld, mehr Status? Sicher bei denjenigen, denen dies besonders wichtig ist. Für viele Menschen ist Mitarbeiterverantwortung jedoch die Chance, etwas zu bewegen, etwas zu gestalten. Und zwar deutlich mehr, als man dies alleine könnte. Es kann auch sehr befriedigend sein, Mitarbeiter systematisch zur Selbstständigkeit im gegebenen Rahmen zu entwickeln und nach einigen Jahren zu sehen, wer heute verantwortungsvolle Funktionen innehat. Eine Gruppe hinter sich und seine Ideen zu bringen, hat für viele Menschen einen starken Reiz, der die offensichtlichen Nachteile der Führungsaufgabe deutlich überwiegt.

Bevor man sich als junge Führungskraft nun diesen Herausforderungen stellt, lohnt sich eine kleine Reflektion. Was ist überhaupt Führen? Und was unterscheidet es zum Beispiel vom Managen? Zu Recht wird heute beklagt, dass in vielen Organisationen viel zu viel Management stattfindet und zu wenig Führung. Nach heutigem Verständnis ist Managen ein Teil von Führung und umfasst den eher funktionalen Teil. Hierunter werden die Prozesse der Planung, Organisation, Durchführung und Kontrolle verstanden. Das klassische PDCA-Modell, Plan – Do – Check – Act, ist dem Management zuzuordnen. Man hat ein Ziel oder es wird ein Ziel vorgegeben und als erstes wird ein Plan erstellt. Dies ist die Phase P. Danach wird der Plan umgesetzt, die Phase D. Dann soll, zumindest zu den vordefinierten Zeitpunkten, kontrolliert werden, ob bei der Umsetzung die geplanten Ziele tatsächlich erreicht wurden, die Phase C. Kontrolliert werden in der Regel nur drei Punkte: die Qualität des Ergebnisses, die Einhaltung der geplanten Kosten und die Einhaltung der Zeitplanung. Dies sind übrigens genau die Ecken des sogenannten magischen Dreiecks erfolgreichen Projektmanagements. Findet man Abweichungen von der Planung, muss man agieren und einen Umschaltplan erstellen, die Phase A. Dieser Umschaltplan modifiziert dann unter Umständen die ursprüngliche Planung. Das Wie allerdings, die Art und Weise, wie in der Plan-Phase agiert, wie die Mitarbeiter hierbei einbezogen werden und wie gegebenenfalls in der Act-Phase ein Umschaltplan erstellt wird, auch wie in der Kontrollphase die Eigenverantwortung der Mitarbeiter respektiert und gewürdigt wird, alles dies ist der Führung zuzuordnen.

Zur Mitarbeiterführung gibt es viele Meinungen, viele Modelle und noch mehr Definitionen. Das Führungsverständnis und damit auch die verwendete Führungsdefinition hängen in erster Linie vom Menschenbild der Führungskraft ab. Halte ich meine Mitarbeiter für nicht selbst denkende Roboter, werde ich häufig hochgradig funktionale Führungsdefinitionen verwenden, bei denen ausschließlich die Erreichung von Zielen – egal wie – im Vordergrund steht. Die einzelnen Mitarbeiter mit ihrer Kreativität und ihrem Potenzial rücken dabei in den Hintergrund, sie werden ausschließlich als Mittel zum Zweck der Zielerreichung angesehen. Dies zeigt sich bereits in der Sprache von Führungskräften.

Die einen sprechen zum Beispiel vom Außendienstmitarbeiter Klaus Müller, der seit vielen Jahren im Gebiet Hamburg arbeitet und momentan Schwierigkeiten mit einem Wettbewerber hat. Die anderen reden vom Mitarbeiter 314 in der AD-Linie 2, der schon im zweiten Quartal nur noch 82,3 % Zielerreichung aufweist und deutlich „underperformt".

Die meisten Menschen sind nach unserer Erfahrung nicht bereit, ihre volle Leistungskraft in den Dienst des Unternehmens zu stellen, wenn sie das Gefühl haben, sie werden lediglich über ihre Funktion definiert. Wir Menschen sind soziale Wesen, die auch als Menschen wahrgenommen werden wollen. Dies heißt konkret, ein modernes Führungsverständnis muss zwingend einen personalen Anteil haben.

Wir verwenden im Folgenden die Führungsdefinition von Rupert Lay[1], die auf dem sogenannten Biophilie-Postulat seiner postmodernen Ethik basiert:

> Führung ist die beabsichtigte und zielgerichtete Einflussnahme auf das Verhalten von Personen in einer Gruppe oder Gesellschaft.
>
> Das Biophilie-Postulat:
> Handle und entscheide stets so, dass durch Dein Handeln und Entscheiden das personale Leben in Dir und in der Person eines jeden anderen Menschen eher gemehrt denn gemindert wird.

Biophilie im Sinne dieses Postulates bedeutet „Liebe zum Leben". Es beschreibt eine Bilanz. Diese muss stimmen. Es muss nicht immer alles optimal für den Mitarbeiter gerichtet sein. Selbstverständlich wird die individuelle personale Entfaltung etwas vermindert, wenn ein Mitarbeiter

1 Rupert Lay ist Jesuit, Theologe, Hochschullehrer und Psychotherapeut, aber auch Mitglied in vielen Unternehmensgremien gewesen. Er war als Management- und Unternehmensberater in Fragen von Unternehmensführung und Unternehmensethik aktiv.

am Wochenende Überstunden macht. Wenn seine persönliche Gesamtbilanz allerdings positiv ist, dann ist dies akzeptabel.

Wenn man Einfluss auf das Verhalten von Mitarbeitern nehmen soll – und nur dann würde man nach dem Lay'schen Verständnis Mitarbeiter tatsächlich führen – heißt dies selbstverständlich, dass man sich zuerst Gedanken machen muss, wo denn der zu führende Mitarbeiter überhaupt steht und was seine Eigenschaften, Motive, Stärken und Schwächen sind. Erst danach kann man überlegen, was einem selbst und auch dem Mitarbeiter helfen könnte, sein Verhalten konkret auf die Unternehmensziele auszurichten.

Ein Wort zur Abgrenzung von Verhalten und Einstellungen. Hier gibt es einen Regelkreis. Vorhandene Einstellungen bedingen häufig konkretes Verhalten. Wenn einer Führungskraft zum Beispiel gerechtes Handeln wichtig ist, wird sie wahrscheinlich auch versuchen, faire und gerechte Entscheidungen zu treffen. Allerdings kann auch konkretes Verhalten, wenn es als hilfreich erlebt wird, zu veränderten Einstellungen führen. Wenn jemand beispielsweise im Umgang mit Kollegen immer wieder hört, dass sein Verhalten als ausgesprochen kooperativ erlebt wird, kann dies seine grundsätzliche Einstellung zur Kooperation mit anderen Menschen entsprechend beeinflussen.

Es gibt unserer Ansicht nach ein berechtigtes Interesse von Organisationen, seien dies nun Industrieunternehmen, der Staat bei seinen Beamten, Verbände, Vereine, Parteien oder Konfessionsgemeinschaften, dass ihre Mitglieder grundsätzlich die zentralen Aussagen der jeweiligen Organisation befürworten – zumindest aber respektieren und erst recht nicht aktiv ablehnen. Ein Verkäufer, der seine Produkte schlecht findet oder sich eher als Berater und nicht als Verkäufer definiert, macht sich sein Leben schwer. Einen erfolgreichen Vertriebsmitarbeiter ohne ökonomischen Antrieb kann man sich wirklich nur in Spezialsituationen und Spezialmärkten vorstellen. Eine ökonomische

Orientierung im Einstellungsinterview von Vertriebsmitarbeitern abzufragen, halten wir daher für legitim, da sie eine zwingende Voraussetzung für den Job darstellt.

In welchem Umfang ein Arbeitgeber von seinen Mitarbeitern eine Übereinstimmung der persönlichen Einstellung mit den zentralen Werten der Organisation einfordern darf, hängt von verschiedenen Faktoren ab. Die Grundlage ist selbstverständlich das geltende Recht. Unterschiede gibt es zum einen bei den verschiedenen Arten von Organisationen.

Für Angestellte in Industrieunternehmen gelten Treuepflichten. Dies sind die sogenannten Nebenpflichten. Sie werden durch den Arbeitsvertrag begründet, ohne dass sie explizit aufgeführt sind. Zum Beispiel unterliegen Arbeitnehmer einem Wettbewerbsverbot, sind zur Verschwiegenheit verpflichtet und dürfen sich in der Öffentlichkeit nicht ruf- oder kreditschädigend äußern – selbst dann nicht, wenn dies ihrer persönlichen Einstellung entspräche. Im Beamtenrecht gibt es darüber hinausgehende Loyalitätspflichten, die auch so benannt sind; zum Beispiel gegenüber dem Grundgesetz und der Verfassung. Im Arbeitsrecht für Kirchen und kirchennahe Organisationen gibt es die sogenannten Loyalitätsobliegenheiten. Die Grundlage hierfür ist die Weimarer Reichsverfassung (Trennung von Staat und Kirche) und die späteren Weiterführungen im Grundgesetz. Die Arbeitnehmerpflichten in kirchlichen Einrichtungen sollen sicherstellen, dass die Mitarbeiter in ihrer Lebensführung die Prinzipien der jeweiligen Konfession respektieren.

Die verschiedenen Verpflichtungen der Arbeits- und Dienstrechte schränken die akzeptierbaren Einstellungen von Mitarbeitern und insbesondere die hieraus resultierenden konkreten Handlungen spürbar ein. Dies geht über die Definition der Mitarbeiterführung nach Lay deutlich hinaus, der diese als gezielte Einflussnahme auf das Verhalten beschrieben hat, und damit eben nicht als Einflussnahme auf die Einstellungen von Menschen.

Bei der Frage, wie weit Arbeitgeber Einfluss auf Einstellungen nehmen dürfen, hat neben der Art von Unternehmen auch die Größe einer Organisation einen Einfluss. Grundsätzlich kann man sagen: Je größer eine Organisation ist, umso mehr „Marktmacht" hat sie und umso eher muss sie auch heterogene – allerdings keine sie schädigenden – Ansichten aushalten können.

Der dritte wesentliche Faktor bei dieser Frage ist die Stellung eines Arbeitnehmers. Hier müssen bei Mitarbeitern und bei Führungskräften unterschiedliche Maßstäbe angelegt werden. Bei einer Beurteilung kommt es allerdings immer auf den Einzelfall und die berechtigten Interessen beider Seiten an. Sorgsame Güterabwägungen müssen hier vorgenommen werden. Aber warum soll eine sozialdemokratisch orientierte Assistentin nicht in der CDU-Parteizentrale arbeiten können? Warum soll ein IT-Spezialist mit einer negativen Einstellung zu Arzneimitteln nicht in einem Pharmakonzern für den Zentralrechner zuständig sein können? Und warum soll ein katholischer Bilanzbuchhalter nicht im evangelischen Kirchensteueramt als Sachbearbeiter arbeiten? Wenn diese Personen dies mit sich selbst vereinbaren können und professionell ihre Aufgabe erfüllen, ja warum eigentlich nicht? Je stärker eine Person jedoch in der öffentlichen Meinung mit der Organisation identifiziert wird, desto mehr Übereinstimmung mit den zentralen Aussagen der Organisation darf eingefordert werden. Bei dem Lehrer einer Waldorfschule werden Eltern – zu Recht – eine entsprechende Identifikation mit den dortigen pädagogischen Prinzipien erwarten dürfen. Hat ein Lehrer diese nicht, sollte er sich eine andere Schule suchen. Das Gleiche gilt für Führungskräfte oder in der Öffentlichkeit stehende Repräsentanten einer Organisation; sei diese nun in privater, öffentlich rechtlicher oder kirchlicher Hand. Ein Verkaufsleiter, der eine Vertriebsorganisation zu führen hat, sollte seine eventuell abweichende Ansicht zur aktuellen Strategie nur in denjenigen firmeninternen Gruppen besprechen, die diese festzulegen hat. Hier kann er – und soll er – auch für Änderungen werben. Eine Diskussion seiner

Ansichten mit seinen Mitarbeitern über die aktuell festgelegte Strategie ist hingegen kaum sinnvoll. Wie will er sonst glaubwürdig für eine erfolgreiche Umsetzung eintreten?

Wie gerade beschrieben, kann eine Führungskraft oder eine Organisation in gewissen Grenzen bestimmte Einstellungen voraussetzen und erwarten. Richtig spannend wird es bei der Frage: Könnte ein Vorgesetzter über eine gezielte Führungsinteraktion bei seinen Mitarbeitern Änderungen von deren Einstellungen und Werten erreichen und hiermit indirekt führen? Dies bei Erwachsenen zu versuchen, wäre ja eine erhebliche Intervention. Für Lay ist Führung die gezielte Einflussnahme auf das konkrete Verhalten von Mitarbeitern. Führung ist demnach nicht die Einflussnahme auf deren Einstellungen. Zum einen hat dies mit dem Respekt vor der Integrität von Menschen zu tun. Zum anderen sind erwachsene Menschen in der Regel nicht bereit, ihre Einstellungen zur Disposition zu stellen. Zu versuchen, über Einstellungsänderungen zu führen, um ein erwünschtes Verhalten zu erreichen, wäre ein jahrelanges und wahrscheinlich auch nicht erfolgreiches Unterfangen. Darüber hinaus hat eine Führungskraft auch einfach zu respektieren, dass Menschen Arbeitsverträge unterschreiben, in denen sie sich verpflichten, für eine bestimmte Zeit ihre Arbeitskraft in den Dienst eines Unternehmens oder einer Organisation zu stellen. Niemand erlaubt seinem Arbeitgeber in einem Arbeitsvertrag, dass er ihn bezüglich seiner persönlichen Werte und Einstellungen umerziehen darf. Eine andere Situation liegt bei Bewerbungen vor. Jeder Arbeitgeber darf unseres Erachtens bei neu einzustellenden Mitarbeitern auf Übereinstimmung von besonders relevanten persönlichen Einstellungen mit denen der Organisation achten.

Eine Führungskraft sollte im beruflichen Alltag persönliche und Firmenwerte vorleben und hierfür werben. Es gibt aber keinen Anspruch darauf, dass die Arbeitnehmer die Werte des Chefs teilen. Schön, wenn sie es täten. Notwendig ist es nicht immer. Die Mitarbeiter müssen lediglich ein bestimmtes konkretes Verhalten, zum Beispiel im Umgang mit Kollegen, Kunden oder auch Maschinen, an den Tag legen. Grundsätzlich können sie denken, was sie wollen, wenn sie nur ihre vertraglichen Pflichten und Nebenpflichten erfüllen. Allerdings gehört zu diesen bei in der Öffentlichkeit exponierten Mitarbeitern und in jedem Fall bei Führungskräften auch das öffentliche Eintreten für die zentralen Anliegen ihrer Organisation.

Zusammenfassend kann man sagen: Vorgesetzte sind Vorgesetzte, sie sind keine Erzieher oder Therapeuten. Ein Unternehmen ist keine Schule, in der Werte vermittelt werden. Ein Unternehmen ist auch keine psychotherapeutische Einrichtung. Es ist nicht die Aufgabe von Vorgesetzten, die eigenen Mitarbeiter selbst zu therapieren oder ihnen die richtige Sichtweise auf die Welt zu vermitteln. Unternehmen und Vorgesetzte sollten sich darauf konzentrieren, Einfluss auf das konkrete Verhalten ihrer Mitarbeiter zu nehmen, nicht auf deren Einstellungen.

Bei aller Unterschiedlichkeit von Management und Führung gibt es eine große und wichtige Schnittmenge. Dies sind die Ziele. Ziele als Bestandteil der Planung im Management, Ziele als Grundlage für beabsichtigte und zielgerichtete Verhaltensänderungen. Sauber definierte Ziele haben mehrere Funktionen:

- Sie geben Orientierung.
- Sie fokussieren die Tätigkeiten.
- Sie vermitteln Grenzen.
- Sie geben Sicherheit.

Wichtig ist, dass Ziele methodisch sauber gesetzt oder vereinbart werden. Sie sollten der sogenannten SMART-Methodik folgen. Diese stammt aus dem angelsächsischen Bereich. Es gibt zwei Verständnisse, die unseres Erachtens beide wichtige Gedanken enthalten.

S = spezifisch (von specific) steht dafür, dass Ziele einen konkreten Arbeitsinhalt des jeweiligen Aufgabenbereiches betreffen sollen.

M = messbar (von measurable) heißt, gute formulierte Ziele haben eine konkrete Messlatte. Nicht: „Ich möchte mal wieder abnehmen", sondern: „Ich möchte mein Gewicht um 3 kg reduzieren". Dann weiß man am Ende, ob man sein Ziel erreicht hat oder nicht.

T = Termin, Zeitpunkt oder Zeitraum (von time). Zu einem Ziel gehört neben der Messbarkeit auch der Aspekt, wann denn ein Ziel erreicht werden soll. „Irgendwann einmal" ist in jedem Fall zu unkonkret.

A und **R**. Hier gibt es zwei Interpretationen. Die einen Autoren verwenden A für anspruchsvoll (von ambitious). Diese Interpretation bedient besonders diejenigen Leistungsträger, die gerade durch das Erreichen anspruchsvoller Ziele motiviert werden. Auch das Konzept des FLOW[2] verwendet diesen Gedanken, und die Zwei-Faktoren-Theorie von Herzberg[3] weist nach, dass Mitarbeiter gerade dadurch motiviert werden, dass sie die Gelegenheit bekommen, (subjektiv) anspruchsvolle Ziele selbstständig zu erreichen.

Wenn A für anspruchsvoll verwendet wird, muss R für realistisch (von realistic) stehen. Neben aller Ambitioniertheit dürfen Ziele nicht unrealistisch und überfordernd sein. In US-Unternehmen gibt es häufig das sogenannte „american budgeting". Der Grundgedanke ist, dass man als Chef 120 % fordern muss, damit man wenigstens 100% vom Mitarbeiter bekommt. Dieses Modell setzt auf funktionale Führung und extrinsische Motivation. Es basiert auf der Annahme, dass Menschen grundsätzlich nicht bereit sind, ihre volle Leistungskraft für das Unternehmen einzusetzen. Wir hingegen kommen von einem anderen Men-

2 Mihaly Csikszentmihalyi: Flow im Beruf. Das Geheimnis des Glücks am Arbeitsplatz
3 Frederick Herzberg: The Motivation to Work

schenbild und gehen davon aus, dass es bei professioneller Führung nicht dieses Möhren-Esel-Modells bedarf.

Andere Autoren verwenden A für erreichbar (von achievable). Der Gedanke dahinter ist derselbe wie bei der realistischen Zielsetzung. Unerreichbare oder unrealistische Ziele brennen die Leute aus. Sie sind daher inakzeptabel. Wenn A für erreichbar verwendet wird, steht das R für relevant. Man vereinbart eben mit Mitarbeitern keine irrelevanten Ziele, sondern Ziele, deren Erreichung wichtig ist. Das normale Tagesgeschäft gehört nicht hierher. Neben der qualitativen Komponente der Relevanz gibt es auch eine quantitative. Es gibt keine dreißig im gleichen Maße relevanten Ziele im Unternehmensalltag. Wie sollen diese denn Orientierung geben? Beschränken Sie sich also auf die wirklich wichtigen Dinge.

Unsere Position ist: Man kann beide SMART-Varianten wählen. Beide enthalten die Spezifität, Messbarkeit, Erreichbarkeit und die Zeitgebundenheit von Zielen. Der Unterschied besteht nur in der Frage, ob Ziele anspruchsvoll oder relevant sein sollen. In der betrieblichen Praxis löst sich dieser Unterschied aber auf. Hier müssen sie unseres Erachtens beides sein. Die Leistungsträger unter den Mitarbeitern, die sich über anspruchsvolle Ziele definieren, sollten diese auch erhalten, und Führung sollte sich grundsätzlich nur auf relevante Ziele konzentrieren.

Soll man sich nun auch bei sogenannten weichen Zielen der Mühe unterziehen, diese SMART zu formulieren? Unsere Empfehlung: Eindeutig ja! Drei Gründe sprechen hierfür. Erstens können erreichte anspruchsvolle Ziele wie schon angesprochen als Motivator dienen. Sie dürfen die Mitarbeiter nur nicht überfordern. Zweitens dürfen sie sie auch nicht unterfordern, da viele Menschen intrinsisch zielorientiert sind. Diese Mitarbeiter möchten wissen, ob sie ein Ziel erreicht haben oder nicht. Für diese Menschen ist es viel demotivierender, nicht genau zu wissen, ob sie etwas erreicht haben, als im Zweifelsfall auch einmal ein Ziel nicht zu erreichen. Hierfür gibt es immer Gründe und man kann es ja im zweiten Versuch besser machen. Der dritte Grund für eine SMARTe Zielsetzung liegt darin, dass man sich als Führungskraft das Leben auch manchmal erleichtern darf. Es ist eine Frage der eigenen Effizienz. Wenn man Probleme bei Zielerreichungsgesprächen mit Mitarbeitern hat, liegt dies oft daran, dass Mitarbeiter eine andere Sichtweise davon haben, ob ein vorher unklar definiertes Ziel vielleicht nun doch erreicht wurde oder nicht. Diese Diskussionen werden richtig zäh und zeitaufwendig, wenn mit der Zielerreichung eine Prämienzahlung verbunden ist. Einzige Abhilfe: ein klares, vorab definiertes SMARTes Ziel mit eindeutiger Messbarkeit. Dann gibt es hinterher auch keine Diskussion, ob das Ziel nun erreicht wurde oder nicht.

TAKE HOME

Führung ist nach Rupert Lay die beabsichtigte und zielgerichtete Einflussnahme auf das Verhalten von Personen in einer Gruppe oder Gesellschaft. Management hingegen das Planen, Tun/Umsetzen, Kontrollieren und gegebenenfalls das Agieren und Erstellen von Umschaltplänen. Beides – Führung und Management – sind Erfolgsfaktoren. Aber sie sind unterschiedlich. Die Schnittmenge von beiden sind die Ziele. SMART formulierte Ziele können motivieren. Man benötigt sie in der Führung bei der zielgerichteten Einflussnahme auf konkretes Verhalten und beim Management als Grundlage jeglicher Planung.

Regel 2
Seien Sie wirksam

Seien Sie wirksam

Der Vorgesetzte kommt montags in die Arbeit. Er hat sich am Wochenende vorgenommen, seinen Mitarbeitern die geplanten neuen Abläufe der Abteilung möglichst schmackhaft und motivierend zu präsentieren. Die Mitarbeiter hören interessiert zu, einige nicken freundlich, Rückfragen gibt es keine. Nach einer Woche stellt er aber fest, dass alle Mitarbeiter einfach so weitergearbeitet haben wie bisher.

In diesem Fall muss sich der Chef schon die Frage gefallen lassen, ob er neben dem guten Willen auch in der Lage war, seine Führung effektiv, das heißt wirksam, zu gestalten.

Fredmund Malik hat in seinem Buch „Führen, Leisten, Leben" das Thema wirksame Führung unter verschiedenen Facetten dargelegt. So beschreibt er „Grundsätze wirksamer Führung", „Aufgaben wirksamer Führung" und auch „Werkzeuge wirksamer Führung". Leider bietet er keine prägnante Definition von Führung an, sondern geht eher beschreibend vor. Malik beschränkt sich unserer Ansicht nach viel zu sehr auf den funktionalen Teil von Führung. An Selbstbewusstsein mangelt es ihm dabei nicht. Sein eigenes Managementkonzept findet er „richtig und gut" und setzt dies gleich mit „wirksam", „effektiv" und „effizient". Etwas mehr Demut und Differenziertheit wäre wohl nicht schlecht. Was er aber im Kapitel „Aufgaben wirksamer Führung" beschreibt, halten wir für richtig und wichtig. Denn neben der Tatsache, dass man es in der Führung mit Menschen zu tun hat und nicht nur mit Kostenfaktoren, die maximal effizient eingesetzt werden sollen, muss gute Führung selbstverständlich auch funktionieren. Sie muss eben effektiv sein. Dieses heißt, sie soll den gewünschten Effekt erzielen. Anders ausgedrückt: Sie muss wirksam sein. Wenn sie dann auch noch effizient ist, wäre es optimal. Aber dies ist eine andere Kategorie.

Malik beschreibt fünf Aufgaben wirksamer Führung:

- für Ziele sorgen
- organisieren
- entscheiden
- kontrollieren
- Menschen fordern, fördern und entwickeln

Klare Ziele geben den Mitarbeitern Orientierung und vermitteln den Sinn der Arbeit. Sie sollen abhängig von der Situation, der Mitarbeiterreife und den Unternehmensinteressen sein. Ziele müssen, wie beschrieben, SMART formuliert werden, damit sie weder über- noch unterfordern.

Soll man nun Ziele mit den Mitarbeitern vereinbaren oder sie einfach setzen? Unserer Meinung nach sollten so viele Ziele wie möglich vereinbart werden. Es hilft den Mitarbeitern und ist motivationsfördernd, wenn sie an ihren eigenen Zieldefinitionen mitwirken. Berücksichtigen muss man aber, dass es unterschiedliche Reifegrade bei Mitarbeitern gibt und auch bestimmte Traditionen in einer Organisation. Mit Mitarbeitern, die noch sehr neu im Unternehmen sind, kann man eben noch keine Ziele vereinbaren. Sie wissen unter Umständen ja gar nicht, was sie da mit ihrem Vorgesetzten genau vereinbaren. Sie sind darauf angewiesen, dass sie von ihren Chefs faire und erreichbare Ziele gesetzt bekommen. Auch gibt es Ziele, die in manchen Organisationen traditionell nicht vereinbart, sondern gesetzt werden und manchmal auch gesetzt werden müssen. Fragen der Unternehmenskultur sind zum Beispiel klassischerweise Chefthemen. Diese kommen von der Leitungsebene. Mitarbeiter dürfen und sollen mitreden, wie zum Beispiel Unternehmenswerte in ihrem eigenen Arbeitsbereich realisiert werden können. Ein Mitspracherecht bei der Definition solcher Werte haben sie aber nicht.

Erfolgreiche Führungskräfte organisieren Strukturen, Prozesse, Abläufe und schaffen optimierte Rahmenbedingungen. Sie stärken die Motivatoren, vermeiden Demotivation, minimieren Störgrößen und stellen die zum Erfolg notwendigen Ressourcen bereit. Vor allem müssen Führungskräfte selber organisieren. Für die Strukturen und Abläufe im eigenen Zuständigkeitsbereich ist niemand anders verantwortlich als die Führungskraft selbst.

Führungskräfte müssen ständig Entscheidungen treffen, wobei Entscheidungsfähigkeit die Kenntnis von Alternativen und den Umgang hiermit voraussetzt. Die Einbeziehung der Mitarbeiter bei Entscheidungen dabei hängt von deren Reifegrad, der Situation und der Entscheidungsbedeutung ab. Es gilt dasselbe Prinzip wie bei der Vereinbarung von Zielen. So viel Einbeziehung wie eben möglich. Dies mag im Einzelfall Zeit kosten. Diese ist aber gut investiert, denn es fördert die Umsetzungsqualität. Auf jeden Fall müssen wichtige Entscheidungen begründet werden, denn ohne Entscheidungstransparenz wächst der nachträgliche Diskussionsbedarf. Die Widerstände nehmen zu. Es versteht sich von selbst, dass die Verantwortung für Entscheidungen der Entscheider trägt und er diese auch vertreten muss. Die Einbeziehung von Mitarbeitern bei Entscheidungen verschiebt nicht die Verantwortlichkeiten. Ein Unternehmen, die öffentliche Verwaltung oder Verbände sind keine basisdemokratischen Veranstaltungen.

Wirksame Kontrolle erhält die Motivation und vermeidet Demotivation. Die Basis für Kontrolle sind die vorher vereinbarten Ziele. Die Messmethoden müssen transparent und den Mitarbeitern vorher bekannt sein. Sie sind ja idealerweise bereits in SMARTen Zielen definiert. Dies respektiert die Würde von Mitarbeitern bei der Kontrolle. Letztlich dient eine effektive Kontrolle der Zuordnung von Erfolgen sowie der Korrektur von Fehlentwicklungen. Und wenn wirklich bei einer Zielkontrolle einmal herauskommen sollte, dass ein Mitarbeiter einfach nicht gut genug gearbeitet hat oder einfach auch nur zu wenig in seiner Arbeitszeit geleistet hat und (!) es hierfür außer seiner Bequemlichkeit keine anderen Gründe gibt, dann wird das Gespräch über die Nichterreichung des besprochenen Ziels ja mit der richtigen Person geführt.

Zur Mitarbeiterentwicklung nach Malik gehört es, Kompetenzen zu fördern, Stärken der Mitarbeiter zu erkennen und zu nutzen sowie Schwächen zu erkennen und bedeutungslos(er) werden zu lassen. Richtig. Er sagt auch, dass sich „Menschen mit und an ihren Aufgaben entwickeln." Auch dieses ist richtig, aber selbstverständlich nicht der einzige Weg. Zum Beispiel trägt die Art der Interaktion zwischen Mitarbeiter und Führungskraft oder auch der Vorgesetzte als Vorbild ganz sicher und maßgeblich zur Entwicklung bei. Nimmt man das Lay'sche Führungskonzept als Basis, ist eine systematische Mitarbeiterentwicklung die Möglichkeit schlechthin, das personale Leben der Führungskraft und des Mitarbeiters positiv weiterzuentwickeln.

TAKE HOME

Damit Führung funktioniert und wirksam ist, sollte man sich im funktionalen Teil der Führungstätigkeit an den fünf Aufgaben wirksamer Führung nach Malik orientieren:

- für Ziele sorgen
- organisieren
- entscheiden
- kontrollieren
- Menschen fordern, fördern und entwickeln

Zu ergänzen ist der funktionale Aspekt der Führung durch einen personalen, bei dem darauf geachtet werden muss, dass sich Mitarbeiter und auch die Führungskräfte bei der Aufgabenerfüllung entfalten und weiterentwickeln können.

Regel 3
Seien Sie berechenbar

Seien Sie berechenbar

Stellen Sie sich vor, Sie wollen ein konkretes Projekt in Ihrem Zuständigkeitsbereich installieren. Es funktioniert jedoch nicht. Sie finden keinen Projektleiter, der sich für Ihr Thema begeistern kann. Die Mitarbeiter wissen überhaupt nicht, was Sie eigentlich wollen und Ihre Motive, warum Sie dieses Projekt durchführen möchten, sind auch unklar. Schlimmer noch, Ihnen wird unterstellt, Sie machten dies doch nur, weil Sie die Abteilung wieder mal beschäftigen und selber besser dastehen wollten. Und überhaupt, man wisse ja sowieso nie, woran man bei Ihnen sei.

In diesem Fall hätten Sie ein Problem mit Ihrer Berechenbarkeit. Als Chef für die Mitarbeiter berechenbar zu sein, ist das Ergebnis einer klaren, authentischen und empathischen Kommunikation aus der Sicht des Kommunikationsempfängers. Über die kommunikativen Empfehlungen hinaus kann man jedoch noch weiter aktiv sein. Als Führungskraft berechenbar zu sein, heißt, kommunikative Missverständnisse zu reduzieren.

Es gibt manchmal die Befürchtung, dass man als Führungskraft vielleicht von seinen eigenen Mitarbeitern manipuliert werden könnte, wenn diese zu viel vom Chef wissen und dieser in seinen Handlungen vorhersehbar wäre. Diese Ansicht ist zwar nachvollziehbar, aber nicht begründet. Gestandene und gut ausgebildete Führungskräfte bekommen schnell mit, wenn Mitarbeiter Manipulationsversuche starten. Die meisten Führungskräfte, die sich schon einmal Gedanken über den Unterschied von Motivation und Manipulation gemacht haben, werden dies bemerken. Und sollte es den Mitarbeitern doch einmal gelingen, erfolgreich auf dem Klavier der Eitelkeiten des Chefs zu spielen, dann ist dies eigentlich nur ein Arbeitsauftrag an den Chef selbst, sich den Themen Selbstreflektion und eigene Weiterbildung zu widmen.

Berechenbar sein, ist ein hohes Gut. Das Gegenteil ist willkürliches Verhalten oder Gutsherrenart. Dies hat gerade bei leistungsstarken Mitarbeitern ein hohes Demotivationspotenzial. Schon aus diesem Grund gilt es, dies zu vermeiden.

Zum Thema Berechenbarkeit gibt es das Modell des Johari-Fensters von Luft und Ingham. Benannt nach ihren Vornamen Joe und Harri = Johari. Ursprünglich diente es der Beschreibung von Selbst- und Fremdwahrnehmung in der Sozialpsychologie. Es beschreibt vier Felder des Bewusstseins.

	mir bekannt	mir unbekannt
anderen bekannt	freies Handeln „bewusste Person“	blinder Fleck „öffentliche Person“
anderen unbekannt	bewusstes Verbergen „private Person“	Unterbewusstsein „unbewusste Person“

Bewusste Person

Zu diesem Feld des freien Handelns gehören Verhaltensweisen, die dem Menschen und auch seinen Mitmenschen umfassend bewusst sind. Hier gibt es keine Missverständnisse. Die Führungskraft ist optimal berechenbar. Dieses Feld sollte so groß wie eben möglich sein. Wenn man es schafft, sollte dies vergrößert werden. Hieran kann man als Führungskraft arbeiten. Der Weg dahin besteht im aktiven Verkleinern anderer Felder. Hierdurch wird automatisch das Feld der bewussten Person vergrößert. Zu klären ist die Frage: Mit welchen Techniken lassen sich welche Felder aktiv verkleinern?

Unbewusste Person

Das Gegenteil der bewussten Person ist die unbewusste Person. Dies ist das Feld des Unterbewusstseins. Hier kommt es zu Handlungen, deren Ursprung weder der Person selbst noch ihrer Umgebung bewusst sind. Selbstverständlich gibt es entsprechend viele Missverständnisse. Sicher kann man mit psychoanalytischer Methodik eine Ursachenforschung betreiben und man erfährt dann vielleicht, welche frühkindlichen Traumata heute noch bei einer bestimmten Person nachwirken. Psychoanalyse müssen sich aber weder die Führungskraft noch die Mitarbeiter gefallen lassen. Die wenigsten Führungskräfte – auch nicht die Vorgesetzten der Führungskräfte – sind hierfür ausgebildet und es steht auch nicht in den Arbeitsverträgen, dass Angestellte akzeptieren müssen, dass jemand in ihrem Unterbewusstsein herumstöbert. Dies ist kein Feld der Führungsarbeit im beruflichen Umfeld.

Private Person

In diesem Feld ist der Führungskraft bekannt, wie und warum sie handelt, die anderen wissen dies aber nicht. Hier sind Überraschungen und Unberechenbarkeiten vorprogrammiert. Um es klar zu sagen: Jede Führungskraft hat ein Recht auf einen privaten Bereich, den die Mitarbeiter auch nicht kennen müssen. Es gibt aber Themen, wie zum Beispiel private Hobbys, die gar nicht so privat sind. Wenn die Mitarbeiter zum Beispiel wüssten, dass der Chef in der Freizeit Marathonläufer ist, dann wäre ihnen auch bei langfristigen komplizierten beruflichen Projekten klar, dass der Chef es wirklich ernst meint, wenn er sagt, dass die ganze Abteilung jetzt eben einmal etwas früher aufstehen muss und nicht immer alles maximal bequem ist. Diskussionen über die eigene Komfortzone erübrigen sich damit.

Um die eigene Berechenbarkeit für die Mitarbeiter zu erhöhen, halten wir es für empfehlenswert, über die eigenen Anliegen, Interessen und die eigenen Motive zu reden. Nicht immer, nicht ausschweifend, aber doch regelmäßig. Wenn es eben passt.

Um in dem Johari-Fenster zu bleiben: Mit einer Verkleinerung des Feldes private Person vergrößert man automatisch das Feld des freien Handelns und reduziert damit Missverständnisse. Man wird damit für die Mitarbeiter berechenbarer.

Öffentliche Person

Hier reden wir über den blinden Fleck. Dies ist der Bereich, bei dem einem das eigene Handeln nicht bewusst ist. Aber die ganze Umgebung weiß Bescheid. Vielleicht kennen Sie das ja. Es gibt Menschen, die sich in gefühlt unbequemen Situationen die Brille abnehmen und damit herumspielen. Wenn dies dem Chef bei einer kleinen Ansprache vor der Abteilung auch so geht, wissen schon alle, dass der Chef sich unwohl fühlt, lange bevor er überhaupt den Mund aufgemacht hat. Eine Verbesserung der Berechenbarkeit für alle wäre dann erreicht, wenn auch der Chef weiß, wann er was tut. Das Problem mit dem blinden Fleck ist aber, dass er blind ist. Dies heißt, hier kann man sich nicht selber helfen, die anderen müssen es einem schon sagen. Die Mitarbeiter müssen also solch ein Vertrauen zu ihrem Chef haben, dass sie sich trauen, ihm etwas als Feedback zu geben, das er von sich selbst noch nicht wusste und was ihm vielleicht sogar etwas unangenehm sein mag. Der Kernbegriff ist hier Vertrauen. In einem vertrauensvollen Umfeld trauen sich die Mitarbeiter, ihrem Chef Feedback zu geben. Vielleicht müssen sie am Beginn der Zusammenarbeit aktiv hierzu aufgefordert werden. Vielleicht helfen anfänglich auch anonyme Feedbackformen. In jedem Fall geht es hier um eine Frage des Umgangs miteinander. Solche Fragen der Unternehmenskultur sind immer vorgesetztengetrieben. Will der Chef diese Kultur, die ihm ja selber hilft, dann muss er es vorleben, erhaltenes Feedback ernst nehmen und die Feedbackkultur auch von „unten" nach „oben" aktiv fördern.

TAKE HOME

Berechenbarkeit von Führungskräften reduziert kommunikative Missverständnisse enorm. Die Mitarbeiter haben Orientierung und wissen, woran sie sind. Seine eigene Berechenbarkeit erhöht man, indem man auch einmal Privates von sich erzählt (Familie, Hobbys etc.) und damit auch als Mensch erfahrbar wird mit eigenen Anliegen, Motiven und Wünschen. Zum anderen erhöht es die Berechenbarkeit, wenn man als Chef seinen eigenen blinden Fleck reduziert. Hierbei können einem aber nur die anderen helfen. Sonst wäre der Fleck ja nicht blind. Es geht um die Schaffung einer Feedbackkultur, die es den Mitarbeitern ermöglicht, Ihnen als Chef persönliches Feedback zu geben zu Punkten, die Ihnen vorher noch nicht bekannt waren. Dies gelingt nur in einer Kultur des gegenseitigen Vertrauens.

amazon.de

Ein Gruß von Dr. Sascha Bischoff:

Für meinen Prinzen Hab dich lieb Minnnni

Grußnachricht zu **Der Führungs-Knigge: Mitarbeiterführung - professionell und verantwortungsvoll**

amazon.de

SDZ54TK3xN

Dr. Sascha Bischoff DZ54TK3xN/-1 of 1-/premium-de/4719041 A2

Lieferschein für
Ihre Bestellung vom September 14, 2015
Bestellnr. 028-3347142-6838764
Lieferscheinnr. DZ54TK3xN

Geschenk von
Dr. Sascha Bischoff

Ship to:
Dr. Sascha Bischoff
BBZ Stegen
Erwin-Kern-Str. 1-3
Stegen, Baden-Württemberg 79252
Deutschland

Menge	Artikel	Fach
1	**Der Führungs-Knigge: Mitarbeiterführung - professionell und verantwortungsvoll** Gebundene Ausgabe. P. Hügelmeyer. 3863711130	(** P-0-B147D731 **)

Wir hoffen, dass Ihnen Ihr Geschenk gefällt und würden uns freuen, Sie schon bald bei www.amazon.de begrüssen zu dürfen.

Amazon EU S.? r.l., Niederlassung Deutschland, Marcel-Breuer-Str. 12, 80807 M?nchen, Deutschland
Bitte beachten Sie: Dies ist nicht die Adresse für Rücksendungen.

130/DZ54TK3xN/-1 of 1-//HermesPaket-Langenhagen/premium-de/4719041/0915-03:30/0914-20:33 Pack Type : A2

Regel 4
Wertschätzen Sie Ihre Mitarbeiter

Wertschätzen Sie Ihre Mitarbeiter

Es gab Zeiten in der deutschen Geschichte, da fing der Mensch erst beim Leutnant an. Diese Zeiten sind vorbei. Gott sei Dank. Es gab auch Zeiten, da stellten Politiker im Bundestag die Frage: „Haben Sie überhaupt studiert?" Hier wurden dann Sachargumente diskreditiert, indem andere Personen über persönliche Angriffe und Beleidigungen herabgesetzt wurden, damit man sich eben nicht auf der Sachebene auseinandersetzen musste.

Es gibt Unterschiede zwischen den Menschen und nicht alle Talente sind gleich verteilt. Es gibt sicher auch Gründe dafür, dass manche Mitarbeiter eben Mitarbeiter sind und keine Chefs. Nicht jeder, der sich zu Höherem berufen fühlt, ist auch hierfür geeignet. Aber nur, weil manche Mitarbeiter vielleicht nicht als Chef infrage kommen, heißt dies nicht, dass sie ihre jetzige Aufgabe nicht gut erledigen. Als Vorgesetzter ist man nicht das Maß der Dinge. Jeder Mensch hat seine eigene Würde. Die Anerkennung, die er verdient, hängt nicht von seiner Position ab, sondern von der Art und Weise, wie er oder sie seine oder ihre spezielle Aufgabe erfüllt. Eine engagierte, freundliche und professionelle Telefonistin hat sicher mehr Wertschätzung verdient als ein bequemer Manager, der hoch bezahlt wird und seiner Verantwortung nur unzureichend gerecht wird. Die Wertschätzung als Mensch und Mitarbeiter hat jeder verdient, der sich ehrlich bemüht, seinen Aufgaben nachzukommen, so gut es eben geht. Deshalb gilt das Prinzip: Jeder nach seinen Möglichkeiten. Eine völlig andere Frage ist, ob immer jeder Mitarbeiter auf der richtigen Position ist. Hier ergibt sich unter Umständen für den Vorgesetzten die Notwendigkeit zur Klärung und zu einem Gespräch mit seinem Mitarbeiter.

Daher ist eine professionelle Personalentwicklung eben auch immer chancen- und entwicklungsfokussiert. Chancenfokussiert heißt hierbei nicht, dass es um die Entwicklung in die nächst höhere Ebene gehen muss. Chancenfokussiert kann auch heißen, zusätzliche Kompetenzen zu erlangen, um den eigenen Job noch besser, noch effektiver im Sinne des Unternehmens zu erfüllen. Führung nach Lay heißt, Entscheidungen zu tätigen, die in der Bilanz zu einer Entfaltung des personalen Lebens führen. Das kann sowohl in der jetzigen Position der Fall sein als auch in einer anderen.

Um einem verbreiteten Missverständnis von Mitarbeitern entgegenzuwirken: Wirtschaftsunternehmen sind keine Volkshochschulen. Nicht alles, was ein Mitarbeiter vielleicht gerne lernen möchte, muss ein Unternehmen anbieten. Einen Sprachkurs in Finnisch während der Arbeitszeit, nur weil man in Finnland Urlaub machen möchte, muss ein Unternehmen nicht finanzieren. Ein solcher Sprachkurs könnte allerdings trotzdem im Unternehmensinteresse sein, wenn eine Mitarbeiterin zum Beispiel Telefonistin bei Nokia ist. Es kommt eben auf den Einzelfall an.

Bei der Empfehlung „Wertschätzen Sie Ihre Mitarbeiter" geht es ganz simpel um die Frage von Respekt und Akzeptanz. Es geht um ein positives Menschenbild. Es geht manchmal auch einfach um Kinderstube und um höflichen Umgang mit denjenigen Menschen, die vielleicht nicht auf der gleichen hierarchischen Ebene wie man selbst arbeiten, die vielleicht auch nicht die gleichen Fähigkeiten und Ausbildungen haben. Es gibt aber keinen Grund, auf diese Menschen herabzuschauen oder diese von oben herab zu behandeln. Höflichkeit ist die Tugend der Könige. Dies ist gerade im Umgang mit den eigenen Mitarbeitern wichtig. Diese haben oft ein feines Gespür dafür, wie sie von ihrem Chef gesehen werden. Fragen Sie sich bitte: Warum sollte ein Mitarbeiter bereit sein, sich für sein Unternehmen, seinen Chef so richtig ins Zeug zu legen, wenn er sich gering geschätzt fühlt oder noch schlimmer, es auch so von seinem Chef regelmäßig zu spüren bekommt? Vielleicht sagen Sie jetzt, das ist doch alles banal. Haben Sie aber – vielleicht auch nur zum Scherz – in Ihrem Berufsleben schon einmal gehört: „Sie sind hier nicht zum Denken oder zum Vorschläge machen. Tun Sie einfach nur Ihre Arbeit!“ Damit fängt Herabsetzung an.

Echte Wertschätzung anderer Menschen ist auch aus einem anderen, rein funktionalen Grund empfehlenswert. In einer Gruppe von einhundert Personen, zum Beispiel Vertriebsmitarbeitern in einer Außendienstlinie, lassen sich immer – aus rein statistischen Gründen – Menschen finden, die Vorsitzende von politischen Ortsvereinen sind. Auch Hobbymusiker und kreative Maler findet man dort. Sportvereinsfunktionäre, die regelmäßig große Veranstaltungen ganz selbstverständlich mit großem persönlichem Einsatz organisieren, oder auch ehrenamtlich tätige Kollegen. Häufig engagieren sich diese Menschen außerhalb des Unternehmens, weil das Unternehmen eben die speziellen Talente gar nicht kennt oder nicht daran interessiert ist, diese im Sinne der Firma zu nutzen. Gute, engagierte Organisatoren kann aber jede Firma gebrauchen. Wie kommt man als neuer Vorgesetzter überhaupt an solche Informationen? Ganz einfach. Nehmen Sie andere Menschen und Ihre Mitarbeiter ernst! Diese einfache Empfehlung ist eines der besten Motivationsprogramme, welches wir jemals kennengelernt haben. Schenken Sie Ihren Mitarbeitern Ihre wichtigste eigene Ressource. Schenken Sie ihnen Ihre Zeit und unterhalten Sie sich regelmäßig mit ihnen auch über andere Themen als die aktuelle Zielerreichung oder den neuen Marketingplan. Sie werden möglicherweise erstaunt sein, was Sie da alles erfahren können.

TAKE HOME

Wertschätzung für Mitarbeiter hat etwas mit der eigenen Grundhaltung zu tun. Es geht um Respekt vor der Individualität anderer Menschen, vor ihren Eigenschaften, besonderen Fähigkeiten und Schwächen. Menschen haben in einem arbeitsteiligen Unternehmen nun einmal unterschiedliche Aufgaben und auch unterschiedliche Qualifikationen. Das Maß der Dinge ist aber nicht die hierarchische Höhe einer Position, sondern die Professionalität, mit der jeder Einzelne seinen Job erfüllt.

Regel 5
Seien Sie fair und gerecht

Seien Sie fair und gerecht

In der Kaffeeküche jeder Firma gibt es von Zeit zu Zeit Diskussionen, dass wieder einmal irgendjemand ungerecht behandelt wurde. Die Diskussionen schaukeln sich hoch. Jeder hat ein eigenes Beispiel, bei dem es ihm genauso oder noch schlimmer ergangen ist.

Wir sprechen hier über subjektiv erlebte Gerechtigkeit. Gerechtigkeit gehört seit Plato in den Katalog der sogenannten Kardinaltugenden, von cardio = Dreh- und Angelpunkt.

Man unterscheidet die drei theologischen Tugenden Glaube (an Gott), Liebe (Gottesliebe und Nächstenliebe) und Hoffnung (auf Erlösung) von den vier weltlichen, klassischen Kardinaltugenden Weisheit, Gerechtigkeit, Tapferkeit und Besonnenheit/Mäßigung. Zum Nachlesen siehe Thomas von Aquin[4] und Josef Pieper[5].

Zusätzlich wird häufig zwischen Primär- und Sekundärtugenden unterschieden. Primärtugenden als Ausprägungen von Tapferkeit in Form von Zivilcourage, Kritikfähigkeit und konstruktivem Ungehorsam und Sekundärtugenden wie zum Beispiel Ordnungsliebe, Pünktlichkeit, Gehorsam, Sauberkeit etc. Dienen Primärtugenden eher der Entfaltung der Persönlichkeit, sind Sekundärtugenden für das Funktionieren einer Organisation erforderlich. Kritisch würde es für eine Organisation jedoch, wenn Sekundärtugenden ohne gleichzeitig vorhandene Primärtugenden als Maß der Dinge angesehen würden. Sekundärtugenden isoliert betrachtet lassen sich eben auch leicht missbrauchen.

---

4 Thomas von Aquin: Summa theologica
5 Josef Pieper: Über die Tugenden

Tugenden

Theologische Tugenden Thomas von Aquin: Summa theologica	Kardinaltugenden Josef Pieper: Über die Tugenden
■ Glaube ■ Liebe ■ Hoffnung	■ Weisheit ■ Gerechtigkeit ■ Tapferkeit ■ Besonnenheit/Mäßigung
Primärtugenden Rupert Lay: Charakter ist kein Handicap	**Sekundärtugenden** Rupert Lay: Charakter ist kein Handicap
■ Zivilcourage ■ Kritikfähigkeit ■ konstruktiver Ungehorsam	■ Sauberkeit ■ Pünktlichkeit ■ Ordnungsliebe ■ etc.

Gerade Gerechtigkeit wird auch in anderen Tugendsystemen, zum Beispiel bei Konfuzius, angeführt. Es handelt sich offenbar um ein ganz fundamentales Thema. Gelebte Gerechtigkeit im Führungskontext erleben die Mitarbeiter häufig als Berechenbarkeit und Fairness bei der Setzung von Zielen, bei Entscheidungen und bei durchgeführter Kontrolle.

Bevor man über die Führungsinstrumente spricht, die man als Führungskraft für gerechtes Handeln beherrschen sollte, geht es zu allererst um die eigene geistige Grundhaltung. Es geht um die Frage, motiviere ich meine Mitarbeiter oder manipuliere ich sie zu ihrem eigenen Nachteil? Andere Menschen und Mitarbeiter zu manipulieren, hieße, diese über meine wirklichen Ziele im Unklaren zu lassen (hidden agenda) und unfaire Kommunikationstechniken anzuwenden, zum Beispiel sozialen Druck. Bei zu setzenden Zielen geht es dann um die Fähigkeit, SMARTe Ziele zu definieren. Wenn diese tatsächlich erreichbar und relevant sind, das Ganze messbar bleibt, dann ist die Zielsetzung auch fair.

Bei gerechten Entscheidungen geht es um verschiedene Führungstechniken: Um Entscheidungsanalysen, um Risikoanalysen und um die Technik der Güterabwägung.

Einfache Entscheidungsanalysen beginnen mit einer Auflistung von positiven und negativen Aspekten einer Entscheidung und ihren vorhersehbaren Auswirkungen. Dann wird bilanziert. Bei komplexeren Fragestellungen werden in einem aufwendigeren Prozess erst die Entscheidungskriterien ermittelt, diese dann unterteilt in Muss- und Wunschkriterien, die Wunschkriterien gewichtet und mögliche Entscheidungsalternativen an diesem Kriterienkatalog überprüft.

Da jede Entscheidung auch Risiken in sich birgt, sollte nach der Ermittlung derjenigen Entscheidung, die die meisten positiven Kriterien auf sich vereinigt, eine Risikoanalyse erstellt werden. Hierbei werden dann Risiken ermittelt und diese nach ihrer Auswirkung und der Wahrscheinlichkeit ihres Auftretens gewichtet. Beides, die positive Entscheidungsanalyse und die Betrachtung der Entscheidung von der Risikoseite, führen dann zur unternehmerischen Gesamtentscheidung.

Fast immer müssen Entscheidungen auf mehr als einer Ebene getroffen werden. Güter müssen gegeneinander abgewogen werden. Ein Beispiel: Manchmal steht das Interesse einer konkreten Person gegen das Interesse des Unternehmens. Wenn bei einer Entscheidung beide Interessenlagen positiv betroffen sind, gibt es nichts Kompliziertes zu entscheiden. Das Ergebnis wird evident sein. Ist das Gegenteil der Fall

– werden von einer konkreten Entscheidung sowohl das Unternehmen als auch der Mitarbeiter negativ beeinflusst – ist es genauso simpel. Eine Entscheidung in diese Richtung wäre ethisch untersagt. Komplizierter wird es, wenn von einer Entscheidung der eine (das Unternehmen oder der Mitarbeiter) positiv und der andere negativ beeinflusst würde. Wenn also eine Entscheidung zum Beispiel dem Unternehmen nützt, dem Mitarbeiter aber schadet oder umgekehrt. Genau hier gilt es dann abzuwägen.

Zuerst braucht man alle Informationen zum Sachverhalt. Was sind die kompletten Fakten und die jeweiligen Sichtweisen der Betroffenen? Dann benötigt man die Technik der Güterabwägung und die Abschätzung im Einzelfall. Manchmal hilft bereits eine einfache Tabelle, in der die verschiedenen Vor- und Nachteile der Entscheidung für beide (Unternehmen und Mitarbeiter) aufgelistet werden. Manchmal muss man auch ein zweidimensionales Diagramm anfertigen, in welchem der Nutzen oder Schaden einer Entscheidung für das Unternehmen eingeschätzt wird und dann auf der zweiten Achse dasselbe für den Mitarbeiter erfolgt. Dies ergibt einen Schnittpunkt und je nachdem, in welcher Hälfte des Diagrammes er sich befindet, ist die Entscheidung dann ethisch geboten oder verboten.

In dem folgenden Diagramm könnte es sich beim Beispiel 1 um eine Situation handeln, bei dem ein Mitarbeiter ein besonderes Familienfest hat (einen runden Geburtstag, Silberne Hochzeit, Taufe des Enkels o. ä.). Wenn er daran teilnähme, hätte dieses einen hohen Nutzen für ihn persönlich. Jeder aus seiner Familie würde dies erwarten. Niemand hätte Verständnis, wenn der Mitarbeiter wegen beruflichen Angelegenheiten nicht dabei wäre. Andererseits ist an demselben Tag ein Kongress, bei dem seine wichtigsten Kunden anwesend sind. Wenn er nicht da wäre, bedeutete dies einen Schaden für das Unternehmen. Dieser wäre aber kompensierbar, wenn zum Beispiel der Vorgesetzte oder ein Kollege des Mitarbeiters an seiner Stelle präsent wäre. Der

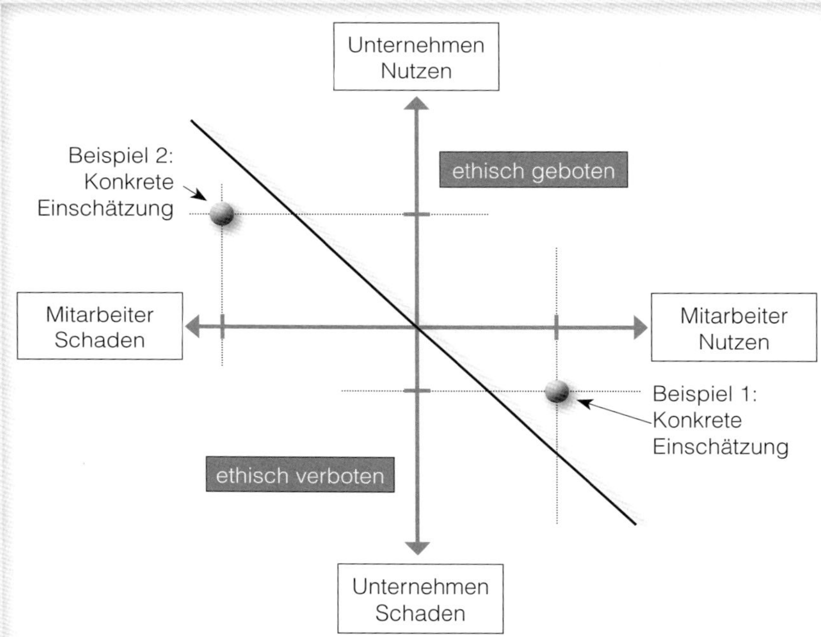

Nutzen für den Mitarbeiter überwiegt also bei Weitem den definitiv vorhandenen Schaden für das Unternehmen. Es ist also ethisch geboten, dass der Vorgesetzte den entsprechenden Urlaubsschein des Mitarbeiters genehmigt. Er muss es ja nicht gerne tun. Er muss es nur tun.

Im Beispiel 2 könnte es sich zum Beispiel um einen Lehrer handeln, der freiwillig neben seiner eigenen Arbeit viele Arbeitsgemeinschaften und Projekte übernimmt. Der Organisation, in diesem Fall der Schule, nützt dies erst einmal. Wenn der Mitarbeiter sich aber so viel vornimmt, dass er selbst dabei völlig überlastet, kaum noch ansprechbar ist und bereits bei Kleinigkeiten explodiert, weil er einfach keine Reserven mehr hat, er also einen hohen persönlichen Schaden davonträgt, wäre es für den Vorgesetzten/Schulleiter ethisch verboten, ihm weitere Projekte anzubieten – er dürfte selbst dann keine Zusatzprojekte mehr genehmigen, auch wenn sich der Mitarbeiter hierzu meldete. Das persönliche Gespräch und ein freundliches Nein wären hier erforderlich.

Wir üben die Technik der Güterabwägung intensiv in unseren Workshops mit den Teilnehmern. Sie ist weder besonders schwierig noch kompliziert. Man muss sie nur beherrschen. Sie gehört einfach zum Handwerkzeug einer Führungskraft.

Überwiegt der Nutzen auf der einen Seite wirklich den Schaden auf der anderen? Diese Arbeit mag im Einzelfall etwas aufwendig sein. Sie hat jedoch einen ganz großen Effekt auf die Motivation von Mitarbeitern. Wenn sich Führungskräfte der Mühe einer Güterabwägung unterziehen und nicht nur aus dem Bauch heraus entscheiden, werden sie begründungssicher. Sie können sich dann bei unpopulären Entscheidungen vor den oder die Mitarbeiter stellen und erläutern, was sie entschieden haben und warum sie es so entschieden haben. Mag die konkrete Entscheidung auch einem einzelnen Mitarbeiter vom Ergebnis her nicht gefallen, niemand wird sagen können, dass Sie sich nicht viel Mühe gegeben haben, dass Ihre Entscheidung nicht nachvollziehbar ist oder Sie nach Gutsherrenart entschieden haben. Hier steckt genau das Demotivationspotenzial, wenn man intuitiv vorgeht. Gute und leistungsfähige Mitarbeiter akzeptieren auch einmal negative Entscheidungen für sich persönlich. Sie akzeptieren aber nicht willkürliches Verhalten ihrer Vorgesetzten. Dies ist gelebte Gerechtigkeit im Führungsalltag.

Eine permanente Quelle erlebter Ungerechtigkeit ist die Gehaltsfindung. Viele Mitarbeiter akzeptieren das Prinzip: gutes Geld für gute Leistung. Dies schließt natürlich gute und faire Beurteilungssysteme mit ein. Das gleiche Geld für alle ohne Rücksicht auf erbrachte

Leistung – durchaus die Regel in manchen Besoldungssystemen im öffentlichen Dienst – hat ein enormes Demotivationspotenzial für die Leistungsträger und wird als üble Gleichmacherei empfunden. Aber auch ungleiche Bezahlung für eine vergleichbare Arbeit hat negative Folgen. Das Prinzip muss sein: Gleiches wird gleich behandelt, Ungleiches eben ungleich. Erklären können muss es der Chef.

Auch bei Kontrollmaßnahmen, die ja zur effektiven Führung gehören, kann es zu erheblichen Ungerechtigkeiten kommen. Gerade in Konzernen gibt es manchmal das Bedürfnis von Zentralabteilungen, das operative Handeln in Niederlassungen durch Kennzahlen überprüfen und steuern zu wollen. Schwierig wird diese Situation, wenn die Zentralabteilung ihre hierarchische Macht einsetzt und gleichzeitig weit weg vom tatsächlichen Geschehen ist. Manchmal bilden die verwendeten Kennzahlen das tatsächliche Geschehen in den jeweiligen Ländern auch nicht ab, weil zentrale Systeme nicht immer regionale Besonderheiten berücksichtigen können. Dies führt dann unter Umständen zu falschen Schlussfolgerungen, die dennoch Eingang in strategische Überlegungen haben könnten. Dann wäre es absolut geboten, diese Kontrollmaßnahmen zu hinterfragen und gegebenenfalls abzuschaffen. Nur dann käme ein ethisch und verantwortungsvoll handelnder Vorgesetzter seiner Verantwortung gegenüber seinem Unternehmen, seinen Mitarbeitern und seinen Ressourcen Zeit und Geld wirklich nach. Dass dies eine konfliktbeladene Empfehlung ist, ist uns natürlich bewusst.

Wenn Kontrollmaßnahmen weder der Steuerung der Organisation dienen, noch eventuellen Kunden, noch den Mitarbeitern, sondern nur darauf zurückzuführen sind, dass einzelne Personen damit ihre eigenen Ängste, insbesondere ihre Kontrollverlustängste, befriedigen oder noch schlimmer, mit Kontrollmaßnahmen ihre eigene Macht festigen wollen, wird Kontrolle einfach unakzeptabel. Dies entspricht in keiner Weise einem biophilen, also lebensfreundlichen Menschenbild und ist abzulehnen. Darüber hinaus kann ein solches Kontrollieren dazu führen, dass die so kontrollierten Mitarbeiter ihre Leistungsbereitschaft zurücknehmen – manchmal bis zur Leistungsverweigerung, weil sie sich eben nicht so behandeln lassen wollen. Dies wäre dann auch aus einer rein funktionalen Sicht inakzeptabel.

Zusammenfassend kann man festhalten, dass gerechte und faire Kontrollmaßnahmen den folgenden Zwecken dienen sollten:

- Überprüfung der Erreichung vereinbarter Ziele
- Überprüfung der Mitarbeiterperformance in den Bereichen Ergebnisse, Leistungen und Verhalten
- Überprüfung der Effektivität spezifischer Maßnahmen
- Steuerung einer Organisation über sinnvoll definierte KPIs, die sogenannten Key Performance Indicators
- unternehmensinternes Berichtswesen

TAKE HOME

Gerechtigkeit ist eine Kardinaltugend. Das Prinzip muss sein: Gleiches wird gleich behandelt, Ungleiches ungleich. Dies muss im Einzelfall von der Führungskraft dargestellt und begründet werden können. Gerechtigkeit im Unternehmensalltag zeigt sich besonders bei der fairen Vereinbarung von Zielen, bei Entscheidungen, insbesondere bei den Begründungen unpopulärer Entscheidungen und bei transparenter Kontrolle. Als unfair erlebte Führungskräfte haben es schwer, Mitarbeiter hinter sich und ihre Ideen zu bringen. Um zu fairen Entscheidungen zu kommen, hilft die Technik der Güterabwägung. Dabei werden Nutzen und möglicher Schaden für Mitarbeiter und Unternehmen eingeschätzt und gegeneinander abgewogen.

Regel 6
Seien Sie weise und wissen Sie, was Sie tun

Seien Sie weise und wissen Sie, was Sie tun

Wer wünscht sich nicht einen Chef, der viel weiß, bei dem man sich einen Rat holen kann, der viel Erfahrung hat, ausgewogen ist und seine Entscheidungen gut und nachvollziehbar begründen kann? Für solch einen Chef arbeitet man gerne. Jeder kennt die Situation, wo man bei einer kniffligen Frage einen Sparringspartner braucht, die Kollegen manchmal nicht zur Verfügung stehen oder zu einem bestimmten Thema auch nichts beitragen können. Da hilft es enorm, wenn man einen Chef hat, der gut zuhören kann, das Problem schnell erfasst, die richtigen Fragen stellt und vielleicht aus seiner Erfahrung heraus auch noch einen Tipp auf Lager hat.

Weisheit wird oft als erste und wichtigste Kardinaltugend angesehen. Während sich reines theoretisches Wissen auf Daten und Fakten bezieht, geht es bei Klugheit um pragmatisches konkretes Handeln. Kluges Handeln berücksichtigt die verschiedenen Begleitumstände bei einer Entscheidung. Weisheit geht hierüber hinaus. Es ist eher eine Grundhaltung, bei der viel Erfahrung, umfassendes Verständnis und der sogenannte Blick über den Tellerrand zusammenkommen. In aller Offenheit: Ein wenig Intelligenz und Klugheit ist für eine Führungskraft nicht schlecht. Dennoch würden wir nicht empfehlen, einen Mindest-IQ für Menschen mit Führungsaufgaben vorzuschlagen. Was wir allerdings sehr wohl empfehlen, ist die intensive Auseinandersetzung mit Führungsmodellen und Führungstechniken. Jedermann kann lesen. Führungstechniken kann man lernen und üben. Erfahrungen ergeben sich mit der Zeit, wenn man regelmäßig über sein Handeln reflektiert. Gute Führung ist keine Geheimwissenschaft. Hier geht es letztendlich um die Verantwortung von Führungskräften. Selbstverständlich um die

Verantwortung gegenüber dem Unternehmen, vorgegebene Ziele zu erreichen, aber auch um die Verantwortung gegenüber sich selbst, gegenüber seinem eigenen privaten Umfeld und eben auch gegenüber den eigenen Mitarbeitern. Die meisten Mitarbeiter haben Familien, die wirtschaftlich davon abhängen, ob der Mitarbeiter eine Arbeit hat oder nicht, und deren Familienfrieden auch davon abhängt, ob sich der Mitarbeiter in seiner Arbeit wertgeschätzt fühlt oder nicht.

Unternehmen sind nicht gegründet worden, um Mitarbeiter glücklich zu machen. Natürlich nicht. Es geht hier um wirtschaftlichen Erfolg. Allerdings ist immer auch zu berücksichtigen, dass Unternehmen soziale Systeme sind, in denen Menschen mit verschiedenen Funktionen und Fähigkeiten interagieren. Soziale Systeme sind von Menschen geschaffen worden und sind für Menschen da, und nicht umgekehrt – nicht die Menschen für die sozialen Systeme. Deshalb halten wir es für völlig richtig, den engen Fokus auf den Shareholder-Value abzulegen und die etwas umfassendere Sicht auf den sogenannten Stakeholder-Value einzunehmen. Hier spielen dann neben der Erreichung von Profiten, Umsätzen und Marktanteilen eben auch die gesellschaftliche Verantwortung des Unternehmens eine wichtige Rolle, ebenso die Zufriedenheit der Kunden, die Verantwortung für nachhaltiges Produzieren und auch die Verantwortung gegenüber der eigenen Belegschaft. Das manchmal zitierte Bonmot: „Ich habe keine Mitarbeiter. Ich habe Personal.", gehört in die Mottenkiste zum Thema Menschenführung.

Unternehmerische Weisheit zeigt sich in vielen Punkten. Eine professionelle und gute Mitarbeiterführung gehört dazu. Häufig wird nämlich vernachlässigt, dass es auch Führungskosten gibt. Gute Führung kostet Geld, nämlich für die Ausbildung von Führungskräften. Schlechte Führung kostet aber noch viel mehr. Bei schlechter Führung fallen vor allem in den folgenden Bereichen höhere Kosten an: bei der Transaktion, der Migration und der Interaktion.

Hohe Transaktionskosten entstehen in einem Unternehmen, wenn es bestehende Verträge verletzt. In rein funktional geführten Organisationen sind diese Kosten sehr hoch. In personal geführten Unternehmen sind diese weitaus geringer. In personal geführten Unternehmen fühlen sich die Mitarbeiter ernst genommen und lassen bei leichten oder nicht beabsichtigten Verstößen gegen Regeln und Verträge auch mit sich reden.

Die Höhe der Migrationskosten hängt ab von der Mitarbeiterfluktuation und der Verweildauer im Unternehmen. In funktional geführten Unternehmen bleiben die Mitarbeiter nur solange wie unbedingt nötig. Die Fluktuationsrate ist hoch. In schwierigen Zeiten hört man häufiger die Meinung: „Um die Mitarbeiter müssen wir uns jetzt nicht so aktiv kümmern, sie bleiben schon. Wo sollen sie sonst auch hin?“ Die Ansicht ist insofern fatal, da gerade leistungsstarke Mitarbeiter bei nicht adäquater Behandlung mit Leistungsabfall reagieren und bei einer Verbesserung der wirtschaftlichen Lage als erste bereit sind, sich bietende Chancen auf dem Arbeitsmarkt zu nutzen.

Funktionale Unternehmen haben auch deutlich höhere sogenannte Interaktionskosten als personal geführte Unternehmen. Erkennbar ist dies an einem deutlich höheren Diskussionsbedarf – wobei die Diskussionen leider nicht immer fruchtbar sind. Oder auch an mehr Störungen in den Routineabläufen. Was vorher nie ein Problem war, jetzt ist plötzlich eins da. Mitarbeiter, die sich streng und eng geführt wissen, dabei aber meinen, als Personen auf der Strecke zu bleiben, verursachen solchen Mehraufwand. Es gibt dann zum Beispiel unendliche Besprechungen über Zuständigkeiten und alle sind nur noch genervt. Manchmal beobachtet man auch nur noch Dienst nach Vorschrift ohne eigenes Mitdenken.

Es gibt neben anderen zwei sehr gute Gründe, Mitarbeiter anständig und gut zu behandeln. Zum einen wird man seiner Verantwortung als

Führungskraft damit gerecht, zum anderen ist es erstaunlicherweise auch ganz einfach eine Frage der betriebswirtschaftlichen Weisheit und Vernunft.

TAKE HOME

Weisheit bei der Führung von Mitarbeitern hat viele Facetten. Zum einen das Wissen um Führungsmodelle, Führungstechniken, Dos und Don'ts in der Führung. Zum anderen die Anwendung von Führungstechniken in der konkreten Situation. Darüber hinaus das Vorhandensein eines betriebswirtschaftlichen Konzeptes, welches umfassende Interessen berücksichtigt. Heute angemessen ist der sogenannte Stakeholder-Ansatz. Hierbei geht es nicht mehr nur um die Shareholder und deren Profitmaximierung, sondern auch um die gesellschaftliche Verantwortung des Unternehmens, die Zufriedenheit der Kunden, um Nachhaltigkeit und um die Mitarbeiter. Wichtig ist ebenfalls, dass die Auswirkungen schlechter Führung kostenintensiv sein können und es daher eine Frage der betriebswirtschaftlichen Weisheit ist, seine Mitarbeiter gut zu behandeln.

Regel 7
Seien Sie mutig – aber bitte mit Augenmaß

Seien Sie mutig – aber bitte mit Augenmaß

Tapferkeit ist vielleicht ein altmodisches Wort. Heute würde man eher sagen, er steht zu dem, was er vorher angekündigt hat. Der Chef hat Rückgrat, hat eine klare Position und vertritt sie auch nach oben. Er kneift auch nicht bei unpopulären Entscheidungen. Chefs, die einknicken, wenn der Wind einmal von vorne kommt, kennt jeder. Diese Chefs sind eher schwach, umgeben sich manchmal gerne mit Mitarbeitern, die noch schwächer sind als sie selbst und sie haben kein hohes Ansehen. Weder bei ihren Mitarbeitern, noch bei ihren eigenen Chefs. So betrüblich dies auch sein mag. Es gibt eben nicht nur gute und leistungsschwache Mitarbeiter. Ebenso gibt es auch gute Chefs und schlechte Chefs, gute Geschäftsführer und weniger gute.

Bei den Werten Mut und Augenmaß geht es gleich um zwei weitere Kardinaltugenden. Nämlich um Tapferkeit und um Mäßigung. Die Zeiten sind vorbei, als Führungskräfte mit ihren Mannen in die Schlacht zogen und Tapferkeit die höchste Tugend war. Heute stellt sich Tapferkeit anders da. Aber sie bleibt wichtig! Ein Blick in die Klassiker: Auch schon für Aristoteles gehörte Tapferkeit zu den Primärtugenden. Sie äußerte sich in Zivilcourage, Kritikfähigkeit und konstruktivem Ungehorsam, der sogenannten Epikie.

Zivilcouragiert im heutigen Business kann man diejenigen Personen nennen, die ihre Meinung sagen, diese auch begründen können und dieses auch dann tun, wenn sie mit ihrer Meinung in der Minderheit sind. Sie denken selbst und nur weil eine Mehrheit momentan vielleicht die Meinung des obersten Chefs teilt, muss diese ja nicht richtig sein. Wichtig ist es zu sehen, dass zivilcouragierte Personen keine Nörgler sind. Der Zivilcouragierte will genauso das zentrale Ziel erreichen. Er hat keinen Zielkonflikt. Er hat momentan nur eine etwas andere Ansicht über den besten Weg dahin. Dem Nörgler geht es hingegen nur um Störung. Deshalb stellt er alles in Frage, auch die Ziele. Haben Sie einen zivilcouragierten Mitarbeiter in Ihrer Abteilung, dann pflegen Sie ihn und hören Sie seinen Vorschlägen gut zu. So viele Mitarbeiter von dieser Sorte gibt es in der Regel nicht. Den Nörgler, den Sie in Ihrem Umfeld mit hoher Wahrscheinlichkeit auch kennen, dem müssen Sie keine Bühne bieten. Es ist nicht erforderlich, dass jeder Mitarbeiter bei jeder Besprechung seiner Umgebung mit seinen Lieblingsthemen auf die Nerven gehen darf. Die Agenda für Ihre Besprechungen legen immer noch Sie fest, nicht der Nörgler.

Zivilcourage sollten Sie unserer Ansicht nach nicht nur für erstrebenswert halten, Sie sollten sie auch praktizieren. Ihre Mitarbeiter haben ein Recht darauf, dass Sie sich für ihre legitimen Interessen einsetzen. Wenn es um Ressourcen und Budgets oder begrenzte Personalstellen geht, stehen Sie unter Umständen im Wettbewerb mit anderen Kollegen auf Ihrer Ebene, die ebenfalls an die Tröge möchten. Bereiten Sie sich auf solche Sitzungen gut vor und vertreten Sie Ihre Anliegen. Ihre Mitarbeiter können dies erwarten und haben es in der Regel auch verdient. Um aber bei diesem Punkt kein Missverständnis aufkommen zu lassen: Es geht um Durchsetzungsfähigkeit bei legitimen Anliegen. Degradieren Sie sich als Vorgesetzter nicht zum reinen Anwalt der Interessen Ihrer Leute. Diese werden immer einmal versuchen, Sie in ihrem Sinne zu funktionalisieren. Dieses zu erkennen und dann auch zurückzuweisen, gehört auch zu einer gestandenen Führungskraft mit Zivilcourage.

Die zweite Ausdrucksform von Tapferkeit nach Aristoteles ist die Kritikfähigkeit, nicht nur selbst kritikfähig zu sein, sondern auch diese bei Mitarbeitern zuzulassen und zu fördern. Kritikfähige Mitarbeiter sind bereit, mit Ihnen als Chef einen Konflikt zu riskieren, wenn es für die

Sache erforderlich ist. Auch hier geht es nicht um Opposition, sondern um berechtigte Interessen der guten Sache wegen. Viele Menschen riskieren es nicht, solche Konflikte einzugehen, selbst wenn sie die Notwendigkeit hierfür sehen. Zugegeben, solche Mitarbeiter sind in der Abteilungsbesprechung manchmal unangenehm und es ist anspruchsvoll, sie zu führen. Aber was wollen Sie? Eine Herde lammfrommer Schafe, die Ihre Meinung teilt und selbst bei Ihrem blinden Fleck nicht den Mund aufmacht? Produktive und leistungsfähige Abteilungen funktionieren anders.

Als dritte Tapferkeitsform nennt Aristoteles den konstruktiven Ungehorsam. Er versteht hierunter, dass Mitarbeiter unter Umständen gegen eine Ihrer Anweisungen bewusst verstoßen, weil es ihrer Ansicht nach die konkrete Situation verlangt. Werden sie hinterher hierauf angesprochen, können sie klar und glaubwürdig darstellen, dass sie Ihre Anweisung deshalb nicht beachtet haben, weil sie der festen Überzeugung sind, Sie hätten eine solche Anweisung für diese konkrete Situation nie gegeben, wenn Sie die genauen Rahmenbedingungen gekannt hätten und weil Ihre Anweisung hier gerade eben nicht zielführend war. Eine Gratwanderung. Wichtig ist es zu erkennen, welchen Mitarbeiter man gerade vor sich hat. Ist es tatsächlich so, dass Sie in Unkenntnis der konkreten Situation eine nicht optimale Anweisung gegeben haben? Waren Sie für eine kurze Rücksprache in der Tat nicht erreichbar, sodass der Mitarbeiter auf eigene Verantwortung handeln musste? Berücksichtigen Sie bitte bei allen Reflexen, die Sie jetzt beim Lesen möglicherweise gerade unterdrücken: Für Ihren Mitarbeiter wäre es viel einfacher gewesen, sich hinter Ihrer Anweisung zu verstecken, auch wenn diese nicht zielführend war. Sie könnten immer sagen: „Genau das wollten Sie doch so haben, Chef.“ Wie viel mehr sittliches Verantwortungsgefühl und eigenes Denken braucht ein Mitarbeiter, um im konstruktiven Sinne ungehorsam zu sein und die persönliche Verantwortung hierfür zu übernehmen? Es geht immer um den Einzelfall, um die konkrete Situation. Es geht um konstruktiven Ungehorsam, nicht einfach nur um Ungehorsam.

Für alle tapferen Mitarbeiter gilt, dass sie gepflegt gehören. Bei sehr selbstkritischer Betrachtung wird man feststellen, dass man in der Regel keine zehn Prozent solcher Mitarbeiter hat. Die, die so sind, drehen aber mit Ihnen zusammen die großen Räder. Selbst dann, wenn sie manchmal unbequem erscheinen. Also überlegen Sie sich genau, wie Sie solche Kollegen und Mitarbeiter bei der Stange halten.

Die Tapferkeit als Kardinaltugend hat einen Partner, die Mäßigung. Es geht nicht um Augen zu und durch. Tapferkeit ohne Klugheit und Mäßigung ist Dummheit. Mäßigung heißt Differenziertheit, Ausgewogenheit und die Vermeidung von Extremen. Häufig auch die Vermeidung von Absolutem. Niemand kommt immer zu spät. Wenigstens einmal war er sicher pünktlich. Wenn Sie Begriffe wie „immer", „nie", vollständig", „jederzeit" o. ä. bei Feedbacks, Zielvereinbarungen oder in Konfliktsituationen verwenden, dann dürfen Sie sich nicht wundern, dass sie Ihnen um die Ohren fliegen. So absolut ist unsere Welt nämlich nicht. Mäßigung zeigt sich auch beim Thema Redlichkeit. Reden und Handeln müssen bei Führungskräften identisch sein. Wasser predigen und Wein trinken, ist einfach keine gute Idee. Vorgesetzter ist man immer, auch beim gemeinsamen Abendessen nach einer Tagung. Vorbild oder Nichtvorbild ist man immer, wenn man mit seinen Mitarbeitern zusammen ist. Wollen Sie sich Vertrauen erwerben, um als Vorgesetzter und Mensch von Ihren Mitarbeitern anerkannt zu werden, verhalten Sie sich bitte dementsprechend.

Mäßigen Sie sich bitte bei den folgenden drei Führungssituationen. Respektieren Sie, dass die Arbeit in einem Industrieunternehmen für Ihre Mitarbeiter manchmal mit Angst besetzt ist. Nicht immer, aber eben manchmal, wenn diese zum Beispiel in der Zeitung lesen, dass Ihr Unternehmen vielleicht fusioniert oder dass Arbeitsplätze abgebaut werden. Sie können diese Ängste auch bei besten persönlichen Beziehungen zu Ihren Mitarbeitern nicht verhindern. Sie sind einfach da, und Ihre Leute leiden wahrscheinlich auch hierunter. Sie sind nicht der

Psychotherapeut Ihrer Abteilung, aber der erste Ansprechpartner sind Sie schon. Professionalisieren Sie sich also im Umgang mit Ängsten von Mitarbeitern. Seien Sie sprachfähig. Lernen Sie, Ängste bei Mitarbeitern zuzulassen und hierüber diskutieren zu können. Ihr Spagat als Führungskraft ist es, gleichzeitig professionell und menschlich zu sein.

Die beiden anderen Situationen sind Mäßigung bei der Definition von Zielen und Mäßigung bei konkreten Konflikten. Nichts gegen ambitionierte Ziele, nur realistisch und erreichbar müssen sie sein. Sind die Ziele einmal von Ihren eigenen Chefs zu hoch gesetzt, sind diese auch Ihre Ansprechpartner hierfür. Da ist dann Ihre eigene Konfliktfähigkeit gefordert. Gerade im Konfliktfall sind ja immer negative Emotionen wie Wut, Ärger, Zorn vorhanden. Die Definition eines Konfliktes, wie wir sie im Folgenden verwenden werden, setzt diese Emotionen sogar voraus. Das oberste Ziel ist es, einen Konflikt zu lösen, zu deeskalieren und die eigenen, natürlicherweise hochkommenden Emotionen im Zaum zu halten. Mäßigung eben.

TAKE HOME

Mutige Mitarbeiter und Chefs sind zivilcouragiert, kritikfähig und fähig zum konstruktiven Ungehorsam, wenn er erforderlich ist. Dies setzt eine große Reife voraus. Die Führung reifer Mitarbeiter ist anspruchsvoll und manchmal auch unbequem, aber sie lohnt sich. Mut und Tapferkeit ohne Mäßigung sind allerdings nicht empfehlenswert. Mäßigung zeigt sich im beruflichen Alltag insbesondere bei Zielsetzungsgesprächen mit Mitarbeitern und bei Konflikten. Hier sind professioneller Umgang mit Emotionen und Deeskalation die empfohlenen Vorgehensweisen.

Regel 8
Bekennen Sie sich zur Macht

Bekennen Sie sich zur Macht

In einer interdisziplinären Arbeitsgruppe von Kollegen hat einer die Koordination übernommen und verteilt ganz selbstverständlich anstehende Aufgaben. Einige finden dies gut und wirken bereitwillig mit, andere sperren sich dagegen. Wie lassen sich solche Verhaltensweisen erklären? Wie kann der Kollege in der Koordinatorfunktion erfolgreich sein, da er nicht disziplinarischer Vorgesetzter ist?

Bei Führung geht es immer auch um Herrschaft und Macht sowie um die Legitimation von Macht. Zum einen ist richtig, nur wer Macht hat, kann gestalten. Zum anderen ist der Begriff der Macht oft negativ besetzt. Er wird häufig mit Machtmissbrauch gleichgesetzt. Dieser Gedanke ist zwar nachvollziehbar, wenn man an die vielen aktuellen Beispiele in der Finanzwirtschaft, im politischen, industriellen, aber auch kirchlichen Bereich denkt. Dennoch ist er unzulässig. Das Gleiche gilt für den Begriff Hierarchie. Auch dieser Begriff ist ambivalent besetzt. Unsere Empfehlung hierzu: Entwickeln Sie ein klares Verständnis und ein unemotionales Verhältnis zu den Begriffen Hierarchie und Macht und seien Sie diskussionsfähig in deren Begründung. Wichtig erscheint es, klar zu sehen, dass Macht lediglich ein Mittel zum Zweck ist, niemals der Zweck selbst, und eine Hierarchie ebenfalls nicht sich selbst dient, sondern nur ein Ordnungsprinzip bei großen, arbeitsteiligen Organisationen darstellt.

Die Assoziationen, die viele Menschen beim Begriff Hierarchie haben, sind oben und unten, starre Regeln, undurchlässige Organisation, klare Grenzen etc. Andererseits befriedigt Hierarchie aber auch das Bedürfnis vieler Menschen nach Ordnung und dem Wunsch zu wissen, wo man steht. Hierarchie produziert als Ordnungsprinzip auch Sicherheit. Wir sind der Ansicht, dass es gar nicht so viele Menschen gibt, die komplett hierarchiefrei arbeiten können und wollen. Zumindest gilt dies für den Industriebereich, den wir durch unsere eigene berufliche Tätigkeit überschauen können.

Bei dem Thema Macht erscheint es empfehlenswert, sich erst einmal zu überlegen, was Macht überhaupt ist. Es ist ganz einfach die Freiheit, etwas zu tun oder auch nicht zu tun, selbst dann, wenn es eine Auswirkung auf andere Personen hat. Max Weber[6] hat Macht definiert als die Chance, innerhalb einer sozialen Beziehung den eigenen Willen auch gegen Widerstände durchzusetzen. Mit Missbrauch haben beide Definitionen nichts zu tun. Dennoch hat Macht selbstverständlich das Potenzial hierzu.

Es gibt verschiedene Systematiken zur Macht. Bekannt sind die fünf Kategorien von French und Raven[7]. Sie unterscheiden die Macht durch persönliche Autorität von der Macht durch Belohnung, durch Zwang, durch Identifikation und der Macht durch Wissen.

Andere unterscheiden vier Formen von Macht. Zum einen die göttliche Macht. Dies ist eine Machtform, auf die sich zum Beispiel Königshäuser berufen und mit der sie ihren Herrschaftsanspruch legitimieren. Zum zweiten die väterliche Macht. Der älteste Sohn erbt den Grafentitel vom Vater. Die dritte Form ist die besetzte, die okkupierte Macht. Im letzten Jahrhundert eine immer wieder gerne von südamerikanischen und afrikanischen Potentaten gewählte Machtform. Die vierte Machtform in dieser Systematik ist die delegierte Macht. Diese Form ist für den Führungskontext am interessantesten. Hierbei delegieren Mitarbeiter an ihren Chef die Freiheit, etwas zu tun oder zu entschei-

6 Max Weber: Wirtschaft und Gesellschaft
7 John French und Bertram Raven: The basis of social power

den, auch dann, wenn es eine Auswirkung auf sie selbst hat. Hier muss man sich jetzt fragen: Wann wären denn gestandene Mitarbeiter hierzu überhaupt bereit? Diese Überlegung führt zum Begriff der Autorität.

Eine Form ist die Amtsautorität. Diese haben Führungskräfte fast immer. Sie haben einen Arbeits- oder Dienstvertrag, in dem steht „Leiter der Abteilung für XYZ". Damit haben sie Amtsautorität. Ob dieses ausreicht, von den Mitarbeitern freiwillig auch Macht delegiert zu bekommen, darf bezweifelt werden.

Eine weitere Autoritätsform ist die Fachautorität. In der Systematik von French und Raven ist dies die „Macht durch Wissen". Fachautorität kann sich unterschiedlich zeigen. Zum einen natürlich im rein fachlichen Wissen. Es kann aber auch methodisches Wissen sein: Der Chef kennt zwar nicht immer alle Details, aber er weiß immer einen Weg, wie wir vorgehen können. Es kann sich hier auch um Führungswissen handeln: Der Chef kommt zwar aus einem anderen Bereich, aber wie er hier den Laden zusammenhält und mit uns umgeht, ist wirklich in Ordnung. Die Empfehlung, die sich hieraus ableitet, ist simpel. In einem der drei Bereiche müssen Sie schon Fachmann sein. Sie müssen nicht der beste Verkäufer oder der beste Ingenieur in Ihrer Gruppe sein. Sind Sie es zufällig, sollten Sie es aber nicht jeden Tag demonstrieren. Ohne eine fachliche Qualität wird es schwierig mit der Machtdelegation an Sie selbst durch Ihre Mitarbeiter.

Die höchste Form der Autorität ist die persönliche Autorität. Dies ist die Anerkennung der Führungskraft als Mensch und als Vorgesetzter durch die Mitarbeiter. Diese Form der Autorität kann nicht eingefordert werden. Sie muss von der Führungskraft Schritt für Schritt erworben werden. Und die Mitarbeiter müssen bereit sein, diese anzuerkennen. Dies wird jedoch nur auf der Basis von erworbenem Vertrauen erfolgen.

In der Autoritätskaskade durchläuft jede Führungskraft eine Entwicklung. Ist man als Vorgesetzter neu ernannt, nehmen die Mitarbeiter dies zur Kenntnis. Man hat halt die Amtsautorität erhalten. Dann wird geschaut und geprüft (!), wo denn der neue Chef seine fachlichen Stärken hat. Im Detail, in der Methodik, in der Führung oder sonst wo. Hier müssen Sie durch und wir wünschen Ihnen, dass Sie die Prüfung durch Ihre Mitarbeiter bestehen. Wenn dann die Mitarbeiter über eine längere Zusammenarbeit mit Ihnen konkret erleben, dass man Ihnen trauen kann, dass Sie zum Beispiel zuverlässig, berechenbar, fair, gerecht und bei legitimen Anliegen auch durchsetzungsfähig sind, dann wird aus dem einfachen „trauen" ein „vertrauen". Dieses muss sich jede Führungskraft über konkretes Handeln erst einmal verdienen. Dies geht nicht von heute auf morgen. Wenn es gelingt, hat man den Zustand der persönlichen Autorität erreicht. Dann wird dem Chef von den Mitarbeitern das legitime Recht zugesprochen, Entscheidungen zu treffen, die im Einzelnen auch einmal negative Auswirkungen auf einzelne Mitarbeiter haben dürfen.

Ein kurzer Hinweis für Ihre kommunikative Streichliste als Chef. Haben Sie selbst schon einmal gehört, dass jemand sagte, man müsse ihm oder der Firmenleitung vertrauen? Ja, wieso eigentlich? Wenn der Chef es verdient hat, dass man ihm vertraut, werden es seine Mitarbeiter tun. Wenn er es noch nicht verdient hat, hat er eben noch einen längeren Weg vor sich. Ein Einfordern von Vertrauen hilft hier jedenfalls nicht.

Ist es nun einfacher, aus der eigenen Gruppe heraus Chef zu werden oder in einer unbekannten Gruppe die Vorgesetztenfunktion zu erhalten? Wenn man vorher Kollege war, kennt man die Abteilung natürlich viel besser. Man kennt auch persönliche Dinge, die die Chefs nicht unbedingt wissen müssen. Zuerst werden Sie erleben, dass Sie nicht mehr wie früher in alles einbezogen werden. Man wird mit Ihnen politischer umgehen und sie erhalten nur noch vorselektierte Informationen. Dann werden Ihre Mitarbeiter versuchen, Sie bei Ihren ersten unpopulären Entscheidungen wieder einzufangen: „Komm, nun lass mal gut sein, das hast Du doch früher auch so gemacht." Hier können wir Ihnen nur empfehlen, direkt bei den ersten Auftritten als neuer Chef Klarheit zu schaffen. Zum Beispiel: „Es ist prima, wenn wir uns weiterhin sehr gut verstehen und vertrauensvoll miteinander arbeiten. Jetzt haben wir aber eine andere Rollensituation. Ich bin der neue Vorgesetzte und habe nun eine andere Rolle und Zuständigkeit. Wie wollen wir hiermit umgehen? Was mache ich zukünftig? Was macht Ihr zukünftig?" Rollenklärung nennt man so etwas. Eine dringende Empfehlung: Nehmen Sie diese Rollenklärung direkt am Anfang vor. Wenn Sie den ersten Konflikt bereits auf dem Tisch haben und erst dann in eine Rollenklärung hinein gehen, sind Sie bereits in einer defensiven Begründungssituation. Dies ist in der Regel viel schwieriger. Aus der eigenen Gruppe heraus Chef zu werden ist zwar emotional auf den ersten Blick angenehmer, aus Führungssicht aber deutlich anspruchsvoller. Allerdings auch bei diesem Punkt ein kurzer Hinweis zu Ihrer Beruhigung: Tausende Vorgesetzte vor Ihnen haben diese Herausforderungen schon erfolgreich gemeistert. Es geht, man muss es nur als Herausforderung annehmen.

TAKE HOME

Nur wer Macht hat, kann gestalten. Macht richtig einzusetzen und nicht zu missbrauchen, ist die Aufgabe. Echte Macht, die von den Mitarbeitern auch emotional dem Chef zugebilligt wird, erwirbt man in erster Linie durch persönliche Autorität. Diese bekommt man aber leider nicht geschenkt. Man muss sie sich durch entsprechendes Handeln erwerben und verdienen. Ein längerer Weg.

Regel 9
Seien Sie klar
in Ihren Aussagen

Seien Sie klar in Ihren Aussagen

Es gibt Menschen, die große Schwierigkeiten damit haben, Ihre Gedanken klar auf den Punkt zu bringen. Kennen Sie solche Situationen aus Ihrem Berufsalltag? Hier noch eine argumentative Schleife, da noch ein Argument, welches nichts Neues beiträgt, aber trotzdem die Zuhörer verwirren kann. Wenn Führung eine zielgerichtete Verhaltensänderung von Mitarbeitern bedeutet, heißt das, Führungskräfte müssen hochgradig effektiv kommunizieren. Wenn Sie dazu kein besonderes Talent haben, müssen Sie es lernen und sich hierin üben. Alles, was Sie bisher vielleicht über Paul Watzlawick, Friedemund Schulz von Thun oder Hermann Ebbinghaus[8] gehört haben, kann Ihnen hier helfen. Zum Thema verständliche Sprache können Sie auch bei Wolf Schneider „Deutsch für Profis" nachlesen. Humorvoll geschrieben und wirklich auf dem Punkt.

Manche Experten sprechen von dem Tempel der effektiven Kommunikation, wenn es um dieses Thema geht. Wie jeder gute griechische Tempel hat er ein Fundament, Säulen und ein Dach. Das Dach „Effektive Kommunikation" wird getragen von drei Säulen und diese stehen auf einem soliden Fundament. Dazu gehört zum einen Fachwissen: Weiß der Kommunikator überhaupt genug von dem, was er sagen will? Hat er genügend fachliches Wissen oder flüchtet er sich in Allgemeinplätze? Wenn jemand fachliche Schwächen hat, wie will er dann überzeugend wirken und seine Mitarbeiter zu konkreten Änderungen ihres bisherigen Verhaltens bewegen? Das kann kaum gelingen. Der zweite Bereich des Fundaments ist genauso wichtig. Möchte sich eine

8 Hermann Ebbinghaus: Über das Gedächtnis

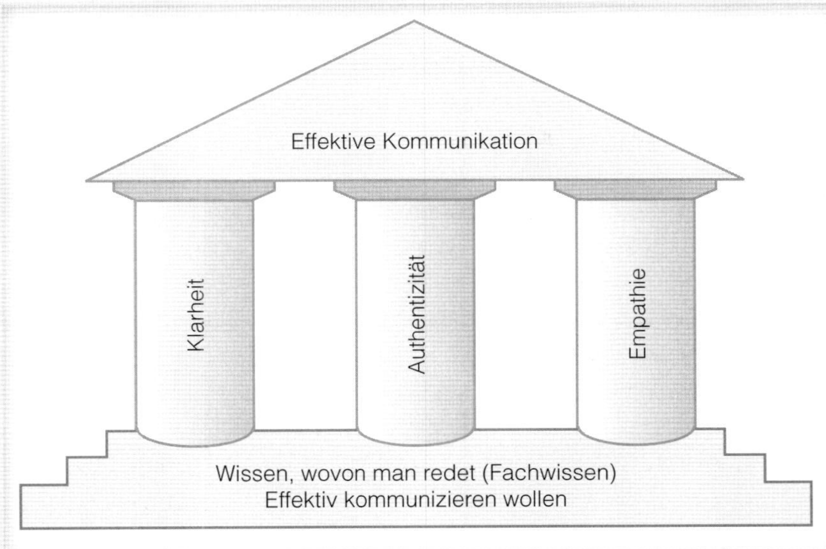

Führungskraft bei ihrer Kommunikation überhaupt anstrengen und die Regeln effektiver Kommunikation beherzigen? Oder reicht es ihr, auf der Ebene des Small Talks und der unverbindlichen Konversation zu bleiben? Plaudern kann auch nett sein, ist aber nicht effektiv im Sinne der Erzeugung von Effekten. In der mündlichen wie auch der schriftlichen Kommunikation gilt das alte Prinzip: Einer muss sich quälen. Entweder der Schreiber oder der Leser. Entweder der Sender oder der Empfänger. Gute Kommunikation ist anstrengender als viele glauben. Wir sind mit Paul Watzlawick der Meinung: Die Verantwortung für erfolgreiche Kommunikation hat der Sender, also die Führungskraft.

Die drei Säulen, die auf dem Fundament stehen, sind Klarheit, Echtheit oder Authentizität und Einfühlungsvermögen, Empathie. Alle drei Säulen sind ohne Zweifel wichtig. Am wichtigsten ist jedoch die Klarheit. Wenn eine Führungskraft hochgradig empathisch ist, auf ihre Mitarbeiter eingeht und dann auch noch sehr authentisch bleibt, hat sie viele Sympathien. Wenn sie dabei aber unklar kommuniziert und die Mitarbeiter am Ende nicht wissen, was sie tun sollen, nützt dies alles nichts.

Klare Kommunikation kann man üben. Die Kriterien hierfür sind den meisten auch bekannt. Es sind:

- Kürze
- Einfachheit
- Prägnanz
- Struktur
- Stimulanz

Kurze Sätze und die Verwendung kurzer Worte helfen dem Verständnis und unterstützen die Erinnerung. Bekannte Beispiele sind hier „To be or not to be“ (Shakespeare), „Halb zog sie ihn, halb sank er hin“ (Goethe) oder auch die Schlagzeile der Bildzeitung nach der Wahl von Kardinal Ratzinger zum Papst Benedikt XVI. „Wir sind Papst“.

Zusätzlich soll Kommunikation einfach sein. Ein bekanntes Antibeispiel ist: „Auf dem Gelände der pädagogischen Institution unterliegen ballistische Experimente mit kristallinem H_2O strengster Prohibition“. Einfach ausgedrückt: „Schnellballwerfen auf dem Schulhof ist verboten“. Verwenden Sie ausdrucksstarke, treffende und konkrete Wörter. Damit kommunizieren Sie einfach. Verwenden Sie viele Verben. Diese bringen Bewegung in Ihre Sprache. Wir kämpfen in unseren Workshops seit Jahren gegen den im ärztlichen Bereich so beliebten Nominalstil mit Hilfsverben. „XYZ kommt zur Anwendung.“ Nein! „XYZ wird angewendet“. Oder auch: „Dieser Methode wird bei uns der Vorzug gegeben und die Analysen werden wie folgt durchgeführt.“ Wie viel besser wäre es: „Wir ziehen diese Methode vor und analysieren wie folgt.“ Kürzer, klarer.

Adjektive sind manchmal notwendig. Häufig verwässern sie aber als Anhängsel die Substantive. Viel besser wäre es, die passenden Substantive zu verwenden. Dann erübrigen sich häufig auch die Adjektive. Also nicht „unangenehme Niederschläge“, sondern Schnee, Regen oder Hagel. Dann weiß man direkt, was man anziehen soll.

Die Verwendung deutscher Begriffe anstelle von Fremdworten macht die Sprache ebenfalls einfach. Natürlich weiß jeder halbwegs gebildete Mensch, was „horizontal“ und „vertikal“ bedeuten. Aber bei „waagerecht“ und „senkrecht“ muss man eben noch etwas weniger nachdenken. Fremdwörter gehören in die Sprache von Fachleuten. Sie erleichtern dort eine effektive Kommunikation. Aber eben nur dann, wenn alle wirklich dasselbe hierunter verstehen. Das Gleiche gilt für Abkürzungen. Also grundsätzlich Vorsicht!

Der Philosoph Arthur Schopenhauer und auch der ehemalige sozialdemokratische Politiker Herbert Wehner konnten es. Bandwurmsätze mit vielen eingeschobenen Nebensätzen grammatikalisch korrekt so zu Ende führen, dass sich der Leser oder Hörer nicht hierin verliert. Sind Sie Schopenhauer oder Wehner? In diesem Fall hätten Sie Glück. Sind Sie es nicht, seien Sie als Chef klar in Ihren Aussagen und verwenden Sie kurze Sätze. Sie werden dann besser verstanden.

Ein weiteres Element für Klarheit ist Prägnanz. Einfach ausgedrückt: Weniger ist mehr, aber das muss sitzen. Jeder soll sagen, was er sagen möchte. Danach bietet man ein oder zwei Belege oder Begründungen für die gemachte Aussage an. Diese müssen selbstverständlich logisch zur Aussage passen. Falls es unbedingt notwendig sein sollte, kann man auch noch ein oder zwei unterstützende Fakten ansprechen. Aber bitte nicht mehr. Man überfordert sonst die Aufmerksamkeit der Zuhörer.

Die vierte Empfehlung für Klarheit ist strukturiertes Sprechen. Ein Beispiel: „Heute spreche ich drei Punkte an. Erstens möchte ich Ihnen erläutern .... Nachdem wir diesen Punkt besprochen haben, kommt ich zum zweiten Aspekt .... Und nun zum dritten und letzten Argument. ..."

So hält man seine Hörer bei der Stange. Ein anderes Ordnungsprinzip aus der sogenannten Überzeugungsrhetorik ist:

- Thema oder attraktives Ziel ansprechen
- These anführen oder eine Ankündigung bzw. ein Versprechen machen
- Beweise liefern, dass die These stichhaltig ist, oder die Ankündigung/das Versprechen eingehalten werden kann
- konkret zum Handeln auffordern

Kürzer und prägnanter wird diese Argumentationsstruktur auch „Die 4 Ps" genannt:

- Picture
- Promise
- Prove
- Push

Das fünfte Element klarer Sprache ist Stimulanz. Sind die Mitarbeiter beim Zuhören stimuliert, dann hören Sie besser zu. Menschen sind in der Regel immer dann besonders stimuliert, wenn ihnen die Inhalte nutzen. Verkäufer wissen dies und üben die motivorientierte Nutzenargumentation in Kommunikationsworkshops. Als Führungskraft verkauft man zwar keine Produkte, man verkauft aber Ideen oder Gründe, dieses oder jenes zu tun oder auch nicht mehr zu tun. Dabei helfen diese Prinzipien ebenfalls. Weitere Punkte, die manche Menschen stimulieren, sind Neuigkeiten oder Fortschrittliches. Oder auch Bedeutendes. Wer erinnert sich nicht mehr daran, was er an dem besagten

11. September nachmittags gemacht hat? Weil dieser Tag eben eine so große Bedeutung für uns alle hatte. Auch wenn etwas in der unmittelbaren Umgebung oder in der eigenen Berufsgruppe passiert, stimuliert es. Wir lesen zum Beispiel immer gerne Artikel, wenn es um kommunikative Besonderheiten in Süddeutschland geht. Das ist eines unserer Themen. Es interessiert uns besonders, weil wir eben in München zuhause sind. Grammatikalische Besonderheiten aus anderen deutschen Regionen mögen auch spannend sein – vielleicht für diejenigen Kollegen, die von dort kommen. Stellen Sie also in Ihrer Mitarbeiterkommunikation entsprechende Bezüge her, die Ihre Kollegen emotional ansprechen und stimulieren.

TAKE HOME

Es gibt viele Empfehlungen, wie man effektiv kommunizieren kann. Klarheit, Echtheit und Einfühlungsvermögen sind die Grundprinzipien. Klar wird die Kommunikation immer dann, wenn sie kurz, einfach, prägnant, strukturiert und stimulierend ist. Da niemand viele Hinweise auf einmal umsetzen kann, eine gedankliche Brücke als Hilfe. Versetzen Sie sich einfach in die Situation Ihrer Mitarbeiter oder anders ausgedrückt Ihrer Kommunikationsempfänger und überlegen Sie sich, was würde Ihren Kommunikationspartnern beim Behalten helfen. Stellen Sie Ihre Kommunikation um von einer senderorientierten Kommunikation, an der Sie sich vielleicht selbst berauschen wollen, zu einer empfängerorientierten Kommunikation. Bei einer effektiven Kommunikation legt der Empfänger den Kommunikationsstil fest, nicht der Sender.

Regel 10
Agieren Sie auf Augenhöhe

Agieren Sie auf Augenhöhe

In Gesprächen mit anderen Menschen fühlt man sich bei dem einen wohl und bei dem anderen nicht. Manchmal kann man auch nicht sagen, woher dieses Unwohlsein rührt. Aber irgendetwas passt nicht. Der Tonfall missfällt vielleicht, manche Formulierungen wirken eventuell unpassend oder sind unrund. Es gibt Menschen, die hochgradig sensibel auf eine schiefe Ansprache reagieren. Wenn man versucht, solche Situationen zu reflektieren oder die kommunikative Störung genau zu benennen, läuft es darauf hinaus, dass das Gespräch nicht auf derselben Ebene stattgefunden hat.

Agieren Sie auf Augenhöhe – diese Empfehlung stammt bereits aus den 1960er-Jahren. Scheinbar schon sehr alt, aber für die Führungskommunikation immer noch hochaktuell. Eric Berne und Thomas Harris haben sich mit der Frage beschäftigt, was eigentlich passiert, wenn zwei Menschen miteinander kommunizieren und wie sich der eine von beiden unter Umständen komplett anders verhält, wenn er mit einer dritten Person spricht. Man kann ja das Gefühl bekommen, der bissige Strafverteidiger im Gerichtssaal ist nicht mehr dieselbe Person, wenn er zuhause mit seinem Sohn und dessen Eisenbahn spielt. Eine andere Sprache, eine andere Gestik und Mimik und ein komplett anderes Verhalten sind zu beobachten.

Die Autoren haben ihr Modell Transaktionsanalyse genannt. Sie geht davon aus, dass die Persönlichkeit jedes Menschen drei Bestandteile hat, die sowohl seine Lebensanschauung als auch seine Art zu kommunizieren beeinflussen. Diese haben sie „Ich-Zustände“ genannt:

- Kind-Ich
- Eltern-Ich
- Erwachsenen-Ich

In uns allen sind immer alle drei Zustände vorhanden. Diese können aber sehr unterschiedlich stark ausgeprägt sein.

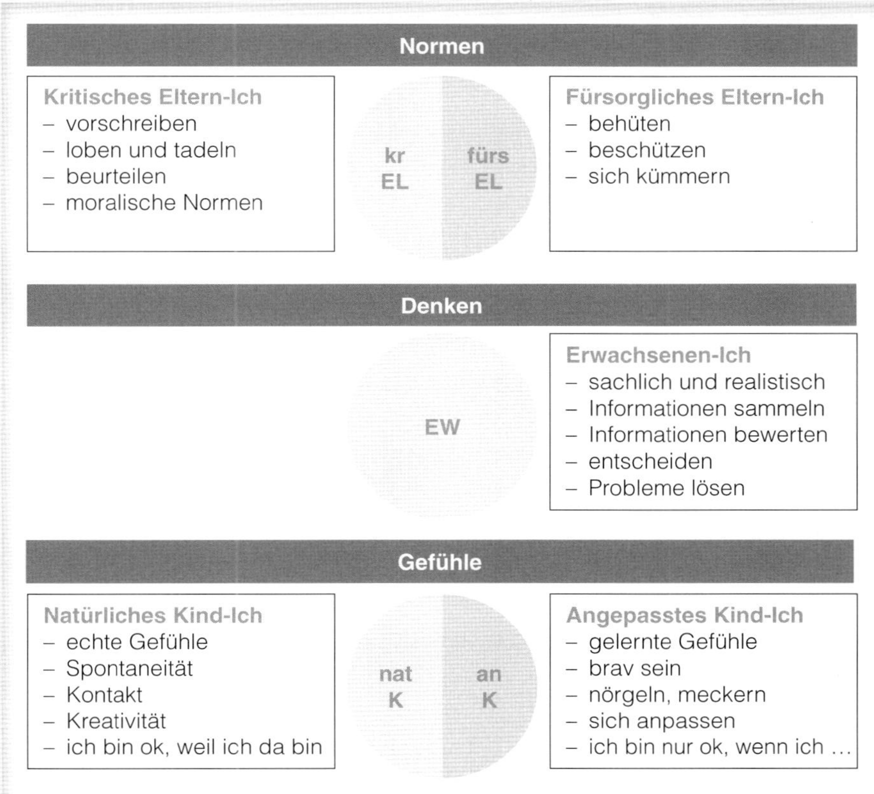

Das Kind-Ich wird in der Entwicklung zuerst ausgebildet, danach das Eltern-Ich. Im Kind-Ich sind Gefühle, Wünsche und Bedürfnisse enthalten. Reaktionen, die aus dem Kind-Ich kommen, sind z. B. Angst, Trotz, Spontaneität, Begeisterung, Kreativität, intuitives Verhalten.

Im Eltern-Ich sind moralische Normen und Überzeugungen manifestiert, die wir von unseren eigenen Eltern, Erziehern und Lehrern ungeprüft übernommen haben oder die uns aufgezwungen wurden: „Du darfst", „Du sollst". Daher beobachtet man bei Handlungen, die stark vom Eltern-Ich gesteuert werden, das Bedürfnis, andere zu belehren, zu korrigieren, zu loben, zu bestrafen, aber auch zu betreuen.

Bei der Kommunikation über das Erwachsenen-Ich kommunizieren zwei gleichberechtigte Erwachsene. Sie tauschen Informationen aus, entscheiden und lösen gemeinsam ein Problem.

Für die gute Kommunikation ist relevant, über welchen Ich-Zustand kommuniziert wird. Zwei Menschen, die sich das erste Mal begegnen, reagieren häufig über ihre Gefühle: Ist mir der andere sympathisch oder nicht? Danach nehmen sie über weitere Verhaltensweisen aus dem Kind-Ich Kontakt mit dem anderen auf, sodass erst einmal eine Beziehungsebene entsteht. Idealerweise verändert sich die Kommunikation dann und wird über das Erwachsenen-Ich gesteuert.

Immer dann, wenn zwei Menschen über den identischen Ich-Zustand kommunizieren, sprechen wir von paralleler Transaktion oder einfach gesagt von Kommunikation auf Augenhöhe. Das Gute hieran ist, dass diese immer funktioniert.

Eine andere Form der Kommunikation ist diejenige von oben nach unten. Es könnte zum Beispiel schwierig werden, wenn einer der Kommunikationspartner stark über sein Eltern-Ich kommuniziert: „Was ich Ihnen noch zu sagen habe, ...". Dies geht nur dann gut, wenn der

Kommunikationspartner bereit ist, Verhaltensweisen an den Tag zu legen, die hiermit korrespondieren und dem Kind-Ich entstammen. Nur dann wird das Eltern-Ich-Verhalten des Chefs akzeptiert: „Ich bin brav und höre zu, wenn mein Chef mir etwas sagt." Diese beiden Verhaltensweisen korrespondieren miteinander. Wenn hingegen der Mitarbeiter die ihm zugedachte Rolle nicht akzeptiert und seinerseits ebenfalls über sein Eltern-Ich kommuniziert, kommt es zum Konflikt. Eine typische Reaktion wäre zum Beispiel: „Sie haben mir in diesem Punkt überhaupt nichts zu sagen, vielleicht kehren Sie erst einmal vor Ihrer eigenen Tür." In diesem Fall sprechen die Transaktionsspezialisten von sogenannten gekreuzten Kommunikationen, die fast immer in einer Eskalation der Situation münden.

Für die professionelle Kommunikation mit Mitarbeitern ist es relevant, dass Führungskräfte ihre eigenen Präferenzen in der Kommunikation kennen. Im beruflichen Alltag ist die Kommunikation über das Eltern-Ich fast immer entbehrlich, häufig eine Quelle von Unmut. Ist nun das Eltern-Ich bei einer Person besonders ausgeprägt, wird sich dies auch in der Art zu kommunizieren zeigen. Dies ist erst einmal nicht problematisch. Die Führungskraft hat lediglich einen kommunikativen Auftrag und muss aufpassen, dass er/sie in schwierigen Gesprächssituationen nicht hierauf zurückgreift.

Klassische Beispiele zur Kommunikation über das Eltern-Ich, die zu vermeiden sind:

- Deshalb sollten Sie das Projekt unbedingt so planen.
- Ich empfehle Ihnen dringend, diese Methode nicht einzusetzen.
- Unsere Schlussfolgerung: Man kommt heute nicht mehr daran vorbei. Dies ist ein obligatorischer Bestandteil eines modernen Vorgehens.
- Ich gebe Ihnen den guten Rat, bevor Sie das so tun, dies mehrfach und genau zu überprüfen.

- Das haben Sie gut gemacht. Jetzt sollten Sie als nächsten Schritt so vorgehen.
- Echte Gegenargumente kann es eigentlich nicht mehr geben.
- Diese Erkenntnisse müssen bei jeder Planung berücksichtigt werden. Anderenfalls ist Ihr Erfolg gefährdet.

Unsere Empfehlung: Bleiben Sie auf Augenhöhe. Vermeiden Sie jegliche Kommunikation über das Eltern-Ich, wenn Sie mit Ihren Mitarbeitern sprechen. Ihre Mitarbeiter mögen Ihnen ja untergeordnet oder zugeordnet sein. Sie sind jedoch in keinem Fall kleine Kinder, die sich moralische Normen oder Belehrungen anzuhören haben. Sagen Sie das, was Sie sagen wollen oder sagen müssen, einfach in einer Sprache, bei der Ihre Mitarbeiter wie Erwachsene behandelt werden. Diese Form der Kommunikation schließt klare Anweisungen oder auch Korrekturen durchaus ein. Auf den Tonfall kommt es an.

Und wie ist das mit Loben? Liest man nicht überall, gerade Deutsche loben zu wenig? Ja und Nein. Loben hat den Nachteil, dass es eine Kommunikationsform ist, die aus dem Eltern-Ich stammt. Man lobt halt seinen Dackel: „Hundilein, das hast Du aber gut gemacht". Einem Mitarbeiter sollte man eher Anerkennung, Respekt und Wertschätzung aussprechen – wenn er es verdient hat. Es mag ja gut gemeint sein. Aber falsches oder schiefes Loben kann selbstbewusste Mitarbeiter auf die Palme bringen. Achten Sie auf Ihre Formulierungen, wenn sie Anerkennung aussprechen wollen. Eine mögliche Technik ist zum Beispiel zu sagen: „Was habe ich wahrgenommen?", und: „Wie hat das auf mich gewirkt?". In der Realität könnte dies so lauten: „Es hat mich wirklich beeindruckt, wie prägnant Sie das rübergebracht haben. Alle Teilnehmer haben Ihnen hoch konzentriert zugehört."

Und wie häufig soll man loben? Immer dann, wenn es angebracht ist. Wir sprechen in Deutschland unseren Mitarbeitern viel zu selten und viel zu wenig Anerkennung und Wertschätzung für gute Leistungen aus.

TAKE HOME

Der Umgang auf Augenhöhe mit Kollegen und Mitarbeitern ist nicht nur eine gut gemeinte Empfehlung. Leistungsstarke und selbstständige Mitarbeiter reagieren oft empfindlich, wenn sie von oben herab wie kleine Kinder angesprochen werden und sich nicht ernst genommen fühlen. Ein schiefes Lob kann das Gegenteil bewirken und demotivierend sein. In der Sprache der Transaktionsanalyse: Vermeiden Sie weitestgehend die Kommunikation über das Eltern-Ich in Ihrer Mitarbeiterkommunikation. Sagen Sie sachlich, warum Sie etwas gut finden. Sagen Sie auch gerne, dass Sie begeistert sind, wie jemand etwas gemacht hat. Aber begründen Sie über konkretes Verhalten und nicht über Eigenschaften Ihres Mitarbeiters.

Regel 11
Motivieren Sie Ihre Mitarbeiter

Motivieren Sie Ihre Mitarbeiter

Fühlen Sie sich auch manchmal so unmotiviert und antriebslos? Diesen Zustand kennt jeder. Man liegt auf dem Sofa und kann sich selbst nicht leiden. Und wer ist schuld? Natürlich diejenigen, die einen nicht ausreichend motiviert haben. Eine Frage an Sie in Ihrer Cheffunktion: Motivieren Sie eigentlich Ihre Mitarbeiter? Geht dies überhaupt – und wenn ja, wie?

Den vielen Büchern über Motivation möchten wir jetzt nicht noch eines hinzufügen. Professionelle Führung kommt aber ohne Grundkenntnisse von Motivationsmodellen nicht aus. Dies ist keine akademische Übung. Das in einem Unternehmen vorherrschende Verständnis für Mitarbeitermotivation findet seinen direkten Niederschlag in konkreten Beurteilungssystemen, Gehaltfindungssystemen, Prämien-, Boni- und Incentive-Systemen. In unserer eigenen beruflichen Führungspraxis in verschiedenen Unternehmen haben wir erlebt, mit welch simplen Menschenbildern und Motivationsmodellen manche Führungskräfte agieren. Vor allem die Unerschütterlichkeit des Glaubens, mit der davon ausgegangen wird, die Mitarbeiter werden es schon aushalten, ist bemerkenswert. Nicht selten hört man die Aussage, dass man Mitarbeiter nicht motivieren müsse, wenn man sie nur ausreichend kontrolliere. Glaubt wirklich jemand allen Ernstes, Erwachsene ließen sich engmaschig kontrollieren, ohne Versuche, sich dem zu entziehen? Oder, dass Erwachsene bereit sind, ihre Arbeitskraft und ihre Ideen in den Job einzubringen, sich zu engagieren, mehr zu tun, als unbedingt notwendig ist, wenn das vorherrschende Führungsinstrument die Kontrolle ist?

Viele Möglichkeiten der direkten und indirekten Mitarbeitermotivation wurden bereits angesprochen: Mitarbeiter ernst nehmen. Fairer Umgang mit ihnen bei Zielsetzungen, Entscheidungen und Kontrollen. Umgang auf Augenhöhe etc. Diese Punkte unterstützen letztendlich eine bereits vorhandene intrinsische Motivation von Mitarbeitern. Diese kann durch konkretes Führungshandeln aktiviert und ausgebaut werden. Die Mitarbeiter sind dann bereit, ihre persönliche Leistungsfähigkeit für ihr Unternehmen und manchmal auch für ihre Chefs gerne einzubringen. Sie tauschen dann nicht mehr Zeit gegen Geld, sondern engagieren sich wirklich.

Eine Einschränkung muss man jedoch berücksichtigen. Nicht alle Erwachsenen lassen sich zu allem motivieren. Wenn ein gestandener Mitarbeiter bei einem Thema eine fundierte und begründete Meinung hat oder auch einfach nur nicht will, dann dürfte es schwer werden, ihn zu motivieren, auch wenn dies im Interesse des Unternehmens wäre.

Menschen lassen sich hingegen gut zu Aktivitäten motivieren, wenn sie bisher hierzu noch keine oder nur eine indifferente Meinung hatten. Das ist bei vielen Dingen der Fall: Hierüber habe ich einfach noch nicht nachgedacht. Wenn jemandem dann etwas Fundiertes angeboten wird, das auch noch zu ihm passt, ja warum eigentlich nicht?

Eine Motivationstheorie soll aufgrund ihrer Bedeutung für die Mitarbeiterführung detaillierter angesprochen werden. Im Allgemeinen sollen Motivationsmodelle in der betrieblichen Praxis Mehrarbeit oder eine kontinuierlich hohe Leistung der Mitarbeiter bewirken. Daher ist die Frage interessant, was sind denn überhaupt die Stellschrauben für die Bereitschaft von Mitarbeitern, viel zu leisten?

Das Maslow'sche Modell ist vielen Managern bekannt. Für die Führung von Mitarbeitern halten wir das Zwei-Faktoren-Modell von Frederick Herzberg allerdings für deutlich ergiebiger. Herzberg konnte zeigen, dass Zufriedenheit und Unzufriedenheit keine Gegensätze sind. Das Gegenteil von Zufriedenheit ist Nicht-Zufriedenheit, ein neutraler Zustand. Wenn jemand aktuell nicht besonders zufrieden ist, heißt dies eben nicht, dass er unzufrieden ist. Das Gleiche gilt auch andersherum. Wenn jemand im Moment nicht unzufrieden ist, bedeutet das nicht, dass er glücklich und zufrieden ist. Herzberg untersuchte daraufhin viele Faktoren, ob sie Menschen zufrieden oder unzufrieden machen. Er konnte diese Faktoren in zwei Gruppen einteilen: Die sogenannten Zufriedenheitsfaktoren, die Motivatoren, und die Unzufriedenheitsfaktoren, die er Hygienefaktoren nannte.

Ein klassischer Hygienefaktor in einem Unternehmen ist ein guter Umgang miteinander, mit Kollegen und mit den Vorgesetzten. Ist dies gegeben, reißt dies niemand vom Stuhl. Ein guter Umgang miteinander bewirkt auch erst einmal keine Mehrleistung. Dies wird von den Mitarbeitern schlicht und einfach in einem vernünftigen Unternehmen erwartet. Wenn er aber fehlt, regen sich alle – zu Recht – auf und reagieren durchaus auch mit Leistungsreduzierung.

Ein anderer Hygienefaktor ist das Einkommen. Erstaunlich. Ein zu niedriges Einkommen, von dem man nicht leben kann, oder ein Einkommen, bei dem man sich ungerecht oder unter Wert behandelt fühlt, bringt die Leute in Rage und wird ein Dauerthema sein. Hier ist Handlungsbedarf. Nach Herzberg ist es jedoch ein Irrglaube, dass ein hohes Einkommen automatisch Mehrleistung hervorruft. Es ist nun einmal so, dass man sich an hohe Zahlen auf der Gehaltsabrechnung nach drei Monaten gewöhnt hat. Sie wirken dann nicht mehr motivationsfördernd im Sinne von Mehrarbeit. Wir haben bisher keine Mitarbeiter erlebt, die sagen: „So jetzt ist es 17.00 Uhr. Mein Gehalt habe ich verdient. Aber es ist ja so hoch, dass ich jetzt freiwillig noch eine Stunde drauf lege." Echte Motivatoren für Mehrarbeit sind andere. Dies sind nach Herzberg zum Beispiel Erfolgserlebnisse, erhaltene Anerkennung für die geleistete Arbeit, die Art der Arbeit selbst, das Gefühl, Verantwortung zu tragen oder an etwas Fortschrittlichem, Bedeutendem zu arbeiten. Die Möglichkeit zur Selbstverwirklichung gehört auch hierzu.

Ohne Herzberg jetzt unzulässig verkürzen zu wollen. Ein Leitgedanke zur Mitarbeitermotivation könnte sein:

> Nehmen Sie Ihre Leute ernst, geben Sie ihnen anspruchsvolle Aufgaben und die Chance, erfolgreich zu sein. Und: Geben Sie ihnen angemessene Anerkennung für diese Erfolge!

Die Umsetzung dieses Gedankens hat viel mit dem Selbstverständnis der Führungskraft selbst zu tun. Herrsche ich oder diene ich? Kann ich mich auch zurücknehmen? Wer ist eigentlich für den Erfolg meiner Abteilung verantwortlich? Bin ich das als Chef oder sind es meine Mitarbeiter? Das Beste, was einem Chef unserer Meinung nach widerfahren kann, sind engagierte, selbstbewusste und professionelle Mitarbeiter, die sich gerne für die Ziele des Unternehmens einsetzen, weil sie sich mit ihrer Arbeit eben nicht nur persönlich identifizieren, sondern sich in ihr und mit ihr auch persönlich weiterentwickeln können. Und das heißt: Erfolg ist nicht mein Erfolg als Chef, sondern eindeutig der Erfolg meiner Mitarbeiter. Falls Sie hier die Befürchtung haben, „überflüssig" zu erscheinen, seien Sie sicher, dass jeder weiß, dass ein Chef erfolgreicher Mitarbeiter seinen Anteil am Erfolg hat. Und nicht zuletzt: Die besten Mitarbeiter gehen dahin, wo sie die Chance haben, den Erfolg ihrer Arbeit zu erleben.

Genau hier setzt auch das Konzept des „Situativen Führens" nach Blanchard und Hersey an. Die Kernaussage ist, dass es keinen immer richtigen Führungsstil für alle Mitarbeiter und alle Aufgaben gibt. Der Führungsstil des Chefs hat sich am beruflichen und psychologischen Reifegrad des Mitarbeiters in Bezug auf die konkrete Aufgabe zu orientieren. Was für den einen richtig ist, kann für den anderen falsch sein. Es geht um die Vermeidung von Über- und Unterforderung und letzten Endes um die Entwicklung des Mitarbeiters zu höherer Selbstständigkeit.

TAKE HOME

Mitarbeiter können motiviert und demotiviert werden. Nicht zu Allem, aber zu Vielem. Die Bedeutung finanzieller Incentives wird weit überschätzt. Motivatoren sind zum Beispiel Erfolgserlebnisse, erhaltene Anerkennung für die geleistete Arbeit, ernst genommen zu werden, die Art der Arbeit selbst oder auch das Gefühl, an etwas Bedeutendem zu arbeiten. Demotivatoren hingegen sind ein schlechtes Betriebsklima oder eine insuffiziente Kommunikationskultur. Einer der größten Motivatoren überhaupt ist die Möglichkeit zum Wachsen. Eine wichtige Rolle hat hier die adäquate situative Führung. Halten Sie Ihre Mitarbeiter nicht klein, sondern machen Sie sie groß und erfolgreich.

Regel 12
Lösen Sie Ihre lösbaren Konflikte

Lösen Sie Ihre lösbaren Konflikte

Viele Menschen gehen gerne zur Arbeit. Sie haben auch nichts dagegen, einmal viel zu arbeiten. Worunter viele aber wirklich leiden, sind Konflikte. Konflikte tun weh, man nimmt sie abends mit nach Hause. Konflikte werden intensiv mit dem Partner und den Freunden besprochen. Konflikte belasten. Es gibt fast keinen Restaurantbesuch mit Bekannten, bei dem nicht irgendjemand über berufliche oder private Konflikte erzählt. Wenn zehnmal etwas wunderbar funktioniert hat, nimmt man dies so hin. Wenn es einmal schiefgeht, wird es intensiv besprochen. Die zehn positiven Erfahrungen können dies nicht aufwiegen.

Managementuntersuchungen zeigen es auch immer wieder. Ein großer Teil der Arbeitszeit von Vorgesetzten hat mit der Lösung von Konflikten zu tun. Jegliche Literatur zum Thema „Konflikte sind schlecht – Konfliktvermeidung ist das Ziel“ können Sie getrost weglegen. Lesen Sie Bücher über den professionellen Umgang mit Konflikten. Diese helfen Ihnen wirklich. Konflikte und deren Bearbeitung gehören ganz einfach zum normalen Leben.

Auch das sogenannte zentrierte Leben kann nur durch Konflikte und deren Bearbeitung erreicht werden. Zentriert in diesem Zusammenhang meint, dass die vier Elemente Geist/Seele, Körper/Gesundheit, Familie/Freunde, Leistung/Beruf gleichermaßen zu ihrem Recht kommen. Hierbei wird es regelmäßig zu Güterabwägungen und Konflikten kommen. Aber die Anstrengungen, diese zu lösen, lohnen sich. Bei einem zentrierten Leben haben Menschen das Gefühl, aus einer ruhenden Mitte heraus zu denken und zu handeln. Konflikte sind daher kein notwendiges Übel, sondern der zentrale Weg, eigene Wertvorstellungen, Erfahrungen, Interessen und Bedürfnisse kontinuierlich an die Realität anzupassen.

Eine unterschiedliche Meinung ist noch kein Konflikt. Wir verwenden im Weiteren die folgende Konfliktdefinition von Rupert Lay:

> Ein Konflikt ist eine zwischen Menschen auftretende Aggression aufgrund unterschiedlicher Wertvorstellungen, Erfahrungen, Interessen und Bedürfnisse.

Eine Aggression gleich welcher Art (Wut, Ärger, Zorn, Enttäuschung etc.) ist also obligatorischer Bestandteil eines Konflikts. Eine Ausnahme stellen hier lediglich Neurosen dar (Angst-, Zwangs- und Konversionsneurosen). Diese sind jedoch nur im therapeutischen Bereich zu bearbeiten und nicht Bestandteil der Führungsarbeit.

Konflikte grundsätzlich als etwas Positives zu sehen, auch als Grundlage für die eigene Persönlichkeitsentwicklung, heißt, eine positive Konfliktkultur zu besitzen. Diese kann definiert werden als:

Die Fähigkeit und Bereitschaft, unterschiedliche Betrachtungsweisen und Erkenntnisse mit den dazugehörenden Aggressionen gemeinsam mit dem Konfliktpartner biophil[9] zu organisieren und zu lösen.

Neben dem theoretischen Wissen, was ein Konflikt überhaupt ist, muss in der Praxis die Konfliktlösungsbereitschaft als persönliche Eigenschaft von der persönlichen Fähigkeit des Konfliktmanagements im engeren Sinne, den Konfliktlösungstechniken, unterschieden werden. Es gibt Menschen, die aufgrund ihrer Persönlichkeitsstruktur eine

9 Biophilie im Sinne dieses Postulates bedeutet „Liebe zum Leben". Das Biophilie-Postulat von Lay beschreibt eine Bilanz. Diese muss stimmen.

hohe Konfliktlösungsbereitschaft besitzen und kopfüber in jeden Konflikt hinein springen. Sie stellen dann manchmal fest, dass sie dabei ein emotionales Chaos verursachen, weil sie nicht über ausreichende Lösungstechniken verfügen. Das Gegenteil gibt es auch: Menschen, die Konflikte überhaupt nicht mögen und die unter Konfliktsituationen wirklich leiden. Die aber, wenn sie als Vorgesetzte einen Konflikt zu lösen haben, diesen mit guten Techniken bewältigen können. Durch die späte und vor sich her geschobene Konfliktlösung ist dann aber der emotionale Aufwand bei der Konfliktlösung viel höher, weil sich eben Emotionen in dieser Zeit entwickelt und aufgestaut haben können. Um Konflikte mit wenig Aufwand – bei sich selbst und bei dem Konfliktpartner – lösen zu können, benötigt man beides. Eine ausreichende Konfliktlösungsbereitschaft gepaart mit ausreichenden Lösungstechniken.

Auch wenn es schön wäre, nicht alle Konflikte sind lösbar. Und nicht alle lösbaren Konflikte sollten notwendigerweise auch gelöst werden. Manche Konfliktlösungsversuche sind einfach überflüssig. Hier gilt es, sorgsam zu unterscheiden.

Notwendig ist die Konfliktbearbeitung grundsätzlich immer dann, wenn der Konflikt einem der Konfliktpartner Schaden zufügt. Manche notwendigen Konflikte nach dieser Definition können allerdings trotzdem überflüssig sein. Nämlich genau dann, wenn der „Nettonutzen" nicht mehr positiv ist. Wenn zum Beispiel der Aufwand für die Konfliktlösung höher ist als der Schaden durch den Konflikt selbst. Überflüssig wäre der Versuch einer Konfliktlösung auch immer dann, wenn der Zeitpunkt für die angestrebte Konfliktlösung nicht stimmt und sich einer der Konfliktpartner in einer sozial und emotional angespannten Situation befindet. Wir sprechen dann von temporärer Unlösbarkeit. Grundsätzlich unlösbar sind Konflikte immer dann, wenn ihre Ursachen dogmatischer Natur oder in sehr starren Meinungen und Ansichten zu suchen sind. Konfliktlösungsversuche zu dogmatischen Ansichten sind Zeit- und Energieverschwendung. In aller Regel verhärten sie die Fronten sogar noch. Auch unlösbar sind Situationen, in denen sich ein Konfliktpartner überhaupt nicht an die Realität anpassen will oder bewusst die Rolle eines Spielverderbers einnimmt. Weitere unlösbare Konflikte können zum Beispiel in der Unfähigkeit von Konfliktpartnern bestehen, Spiel und Kampf zu unterscheiden. Die Folge wäre eine primär schädigende, anstelle einer biophilen Konfliktlösungstechnik.

Aus dieser Betrachtung ergibt sich, dass eine konfliktfähige Persönlichkeit jemand ist,

- der notwendige und überflüssige Konflikte voneinander unterscheiden kann;
- der lösbare von unlösbaren Konflikten unterscheiden kann;
- der notwendige Konflikte mit einem Minimum an psychischem und sozialem Aufwand bei sich und dem Konfliktpartner lösen kann, d. h. über entsprechende kommunikative Fähigkeiten verfügt, konstruktives Feedback beherrscht und im beruflichen Alltag ein Konfliktgespräch führen kann;
- der überflüssige Konflikte vermeidet;
- der mit unlösbaren Konflikten leben kann.

Unerlässliche Voraussetzung für die erfolgreiche Bewältigung von lösbaren Konflikten ist die Fähigkeit, zielgerichtet und effektiv zu kommunizieren sowie die Fähigkeit, effektiv Feedback zu geben und anzunehmen. Die zentralen Feedbackregeln sind weitgehend bekannt – allerdings nicht immer einfach umzusetzen:

- Seien Sie vorbereitet. Geben Sie negatives Feedback nie aus dem Bauch heraus und auf die Schnelle.
- Geben Sie Feedback zeitnah.
- Geben Sie negatives Feedback nur unter vier Augen und im richtigen Rahmen.
- Beschreiben Sie erst einmal Beobachtungen und Verhaltensweisen, werten Sie nicht.

- Seien Sie spezifisch und konkret.
- Fragen Sie den Kommunikationspartner nach seiner Sicht der Dinge und nach seinen Beweggründen.
- Verwenden Sie Ich-Botschaften.

Bei jedem anstehenden Konfliktgespräch kommt es in erster Linie auf die Vorbereitung an. Zuerst sollten Sie sich Gedanken darüber machen, ob eine Konfliktlösung überhaupt notwendig, überflüssig, möglich (lösbarer Konflikt) oder unmöglich (unlösbarer Konflikt) ist. Der zweite Schritt ist die Zielsetzung. Konflikt- oder Kritik- und Korrekturgespräche haben ein klares Ziel. Sie sollen einen Konflikt lösen oder eine bestimmte Verhaltensänderung bewirken. Korrekturgespräche sind keine Motivationsgespräche.

Wenn das Ziel für das Gespräch dann präzise definiert ist und die Konfliktlösung Ihnen notwendig und möglich erscheint, wären die nächsten Schritte wie folgt:

- Verschaffen eigener Klarheit über den Konflikt und die damit verbundenen eigenen Emotionen.
- Nachdenken über die Auswirkungen des Konflikts auf den Konfliktpartner selbst, auf die eigene Person und auf Dritte.
- Auswählen eines geeigneten Zeitpunktes und Ortes.

Das Konflikt- oder auch nur Korrekturgespräch kann dann nach dem folgenden Schema ablaufen:

- Ansprechen und Bewusstmachen des Konfliktes beim Konfliktpartner; hierbei genau die Feedbackregeln beachten
  (wenn Einsicht gezeigt wird, dann direkt zum letzten Punkt „Gemeinsam Lösungen suchen“)
- Verdeutlichung des Problemverhaltens
  (wenn Einsicht gezeigt wird, dann direkt zum letzten Punkt „Gemeinsam Lösungen suchen“)

- Darstellung der Auswirkungen des Problemverhaltens auf Dritte (wenn Einsicht gezeigt wird, dann direkt zum letzten Punkt „Gemeinsam Lösungen suchen")
- Darstellung der Auswirkungen auf den Konfliktpartner/den Mitarbeiter selbst
  (wenn Einsicht gezeigt wird, dann direkt zum letzten Punkt „Gemeinsam Lösungen suchen")
- Darstellung der Auswirkungen auf den Vorgesetzten selbst (wenn Einsicht gezeigt wird, dann direkt zum letzten Punkt „Gemeinsam Lösungen suchen")
- Darstellung der Handlungskonsequenzen des Vorgesetzten (wenn Einsicht gezeigt wird, dann direkt zum letzten Punkt „Gemeinsam Lösungen suchen")
- Gemeinsam Lösungen suchen und vereinbaren; wenn nicht möglich: Anweisung und Kontrolle

Stellt man als Führungskraft im Gespräch fest, dass der Konflikt trotz bester Vorbereitung und vorheriger Analyse zu eskalieren oder emotional zu entgleisen droht, sollte das Gespräch sofort auf eine sachliche Ebene zurückgeführt werden, oder wenn dies nicht gelingt, sofort abgebrochen werden. Wenn es sich um einen notwendigen und lösbaren Konflikt handelt, muss dieser zu einem späteren Zeitpunkt – aber zeitnah – bei verbesserten Rahmenbedingungen erneut aufgenommen werden. Er darf keinesfalls auf die lange Bank geschoben werden.

Das Ziel ist erreicht, wenn der Konflikt beendet, der mögliche Schaden behoben und ein geeignetes Verhalten des Mitarbeiters vereinbart ist. Niemand sollte erwarten, dass einem der Mitarbeiter nach einem solchen Gespräch auch noch um den Hals fällt und sich darüber freut, ein solches Gespräch mit Ihnen geführt zu haben.

Etwas Positives zum Schluss. Konfliktlösungsgespräche sind die Königsdisziplin von Führung. Sie fallen den allermeisten Führungskräften schwer und sie sind es auch. Niemand reißt sich darum, diese Gespräche täglich zu führen. Gott sei Dank ist es auch nicht erforderlich. Solche Gespräche professionell zu führen, gehört allerdings in das Methodenrepertoire gestandener Führungskräfte. Man kann es lernen und man kann es trainieren. Für uns selbst erstaunlich ist es immer wieder, wie schnell Führungskräfte in Trainings hin zu professionellen Vorgehensweisen begleitet werden können.

TAKE HOME

Konflikte, die einem der Konfliktpartner schaden, müssen notwendigerweise bearbeitet werden. Aber nur dann, wenn der emotionale und soziale Aufwand für die Konfliktlösung geringer ist als der Schaden durch den Konflikt selbst. Es gibt allerdings auch Konflikte, die prinzipiell nicht lösbar sind. Diese können nur beendet werden („Wir beschließen, wir lassen das so stehen und diskutieren nicht mehr drüber".) oder man muss sie schlicht und einfach aushalten. Die Strategie zu Konfliktlösungs- und Korrekturgesprächen muss gut vorbereitet sein, folgt einem klaren Gesprächskonzept und lässt dem Mitarbeiter mehrere Möglichkeiten, Einsicht zu zeigen und ein alternatives Verhalten mit seinem Chef zu vereinbaren.

Regel 13
Behalten Sie das Große und Ganze im Blick

Behalten Sie das Große und Ganze im Blick

Gute Vorgesetze beherrschen Führungstechniken. Was aber macht einen guten Vorgesetzten zum charismatischen Chef? Viele Kollegen kennen Situationen, da freut man sich und ist stolz, wenn man dem Chef zuhört. Er hat eine gewinnende Ausstrahlung, hat eine eigene Position und etwas zu sagen und er kann die Dinge klar und glaubwürdig darstellen. Charisma erlernt man nicht in einem Workshop, dies muss sich langsam entwickeln.

Gerecht und fair sein, sich zurücknehmen können, den anderen ihren Raum lassen, bewusst und selbstbewusst agieren sind alles Verhaltensweisen, die bei den Mitarbeitern Vertrauen gegenüber dem Chef aufbauen können. Verstärkt wird dieses, wenn der Chef den Mitarbeitern glaubwürdig das Bewusstsein vermitteln kann, etwas Vernünftiges zu tun oder an etwas Bedeutendem zu arbeiten; darüber hinaus – das ist für viele eine Frage der persönlichen Sicherheit – auch eine langfristige Perspektive zu haben. Ein Chef hat klare Vorstellungen davon, was ihm wichtig ist und wohin sich sein Verantwortungsbereich, seine Abteilung oder Firma, entwickeln soll. Er hat Werte, Visionen und vielleicht sogar eine Mission.

Man muss Visionen und Missionen zum einen von den Werten einer Person bzw. eines Unternehmens und zum anderen von den Maßnahmen, den Strategien und den Zielen unterscheiden. Alle hier angesprochenen Aspekte sind inhaltlich unterschiedlich und sie beziehen sich auf verschiedene Zeiträume. Maßnahmen sind sehr konkret. Strategien umfassen einen längeren Zeitraum. Zwei bis drei Jahre sind hier die Empfehlung. Beides, Maßnahmen und Strategien, lassen sich fast immer mit SMARTen Zielen darstellen. Eine klassische Maßnahme könnte zum Beispiel sein: Durchführung von 23 Veranstaltungen eines speziellen Typs im Zeitraum Mai bis Oktober. Die zugrunde liegende Strategie könnte sein: Marktanteile gewinnen durch Erhöhung der Präsenz im Fortbildungsbereich; hierzu Durchführung von XY Fortbildungen in den folgenden drei Geschäftsjahren.

Wenn einmal ein strategisches Ziel nicht erreicht wurde, sollte man übrigens immer zuerst die Maßnahmen überprüfen. Wurden diese wirklich gut durchgeführt? Danach kann man fragen: Waren die Maßnahmen auch gut gewählt? Erst wenn beides bejaht werden kann, sollte über eine zu verändernde Strategie diskutiert werden. Zuerst muss also immer über die Umsetzungsexzellenz gesprochen werden, danach erst über die strategische Ausrichtung. Dies ist die klare Empfehlung. Diskussionen über Strategien sollten strukturiert einmal im Jahr im Rahmen der Langfristplanung separat besprochen werden – und gehören in diesem Rahmen auch hinterfragt. Aber bitte nicht als Dauerthema in der zweiwöchentlichen routinemäßigen Abteilungsbesprechung.

Visionen und auch Missionen sind eine übergeordnete Ebene und haben einen anderen Zeithorizont. Sie sind deutlich langfristiger. Bei einer Mission geht es um den Zweck der Arbeit. Dieser verändert sich nicht jedes Jahr. Wofür ist unsere Arbeit da? Wofür sind wir da? Diese Fragen werden durch eine Mission beantwortet. Eine klassische Mission könnte sein: „Wir möchten unseren Beitrag leisten zu einer besseren Versorgung der Menschen mit dieser Erkrankung“. Eine klug entwickelte Mission vermittelt den Mitarbeitern Bedeutung. Sie setzt das konkrete Mitarbeiterhandeln in einen größeren Rahmen. „Gutes tun“ hat für viele Menschen einen ganz hohen Stellenwert. Sonst würden sich nicht so viele ehrenamtlich engagieren. Gute Chefs zeichnen sich oft dadurch aus, dass sie eine Mission haben und diese glaubwürdig darstellen können.

Die Vision dagegen beschreibt, wie die langfristige Unternehmens- oder Abteilungsentwicklung über einen Zeitraum von fünf Jahren oder länger aussehen soll. Beispiele sind: Die Marktführerschaft erreichen, der beste Arbeitgeber zu werden, die Abteilung mit dem besten Ruf bei Mitarbeiterumfragen zu werden o. ä.

Während Missionen primär den Markt und die Kunden im Blick haben, geht es bei Visionen um die Position im Wettbewerberumfeld. Beides kann den Mitarbeitern Orientierung geben und motivierend wirken. Ein guter Chef hat Visionen und eine Mission. Hätte er diese nicht, wäre er ein reiner Führungstechniker. Nichts gegen die Beherrschung moderner Führungstechniken. Das Große und Ganze ist aber mehr.

Werte von Menschen oder auch definierte und gelebte Werte in einem Unternehmen sind etwas anderes. Unternehmenswerte stellen sich für Mitarbeiter häufig in der Art und Weise dar, wie sie von ihren Chefs konkret behandelt werden. Unternehmenswerte sind sinnlos, wenn sie nur als Poster in der Personalabteilung an der Wand hängen. Damit Werte handlungsrelevant werden, müssen erst einmal die handelnden Führungskräfte Werte besitzen. Wenn einem Vorgesetzten Gerechtigkeit kein persönliches Anliegen ist, wird er wahrscheinlich auch nicht immer faire und gerechte Entscheidungen treffen – selbst wenn er die erforderlichen Techniken hierzu beherrschte. Es ist ihm möglicherweise dann nicht so wichtig und hat keinen hohen Wert für ihn. Werte und Einstellungen bestimmen unser Handeln. Menschen können allerdings ihren eigenen Wertekosmos nicht von heute auf morgen verändern. Es wäre ja auch ein fürchterlicher Gedanke, wenn dies so wäre. Werte sind etwas Fundamentales, etwas, das eine Persönlichkeit auszeichnet. Deshalb sind Personalentscheidungen für Führungspositionen auch so schwierig. Nicht nur die fachliche Kompetenz muss überprüft werden, sondern es muss vor allem die Passung von Kandidaten für das Unternehmen sichergestellt werden. Interviewer müssen in der Lage sein, in einer sozial adäquaten Art und Weise handlungsleitende Motive bzw. Werte von Kandidaten zu ermitteln. Neben viel Erfahrung und Intuition sind hier vor allem professionelle Fragetechniken angesagt.

Es gibt hochqualifizierte Führungskräfte, die aufgrund ihrer Werteorientierung zu manchen Unternehmen hervorragend passen, zu anderen aber eben überhaupt nicht. Erfolge in der Vergangenheit in einem bestimmten Umfeld gehabt zu haben, sind kein Garant für Erfolge in der Zukunft in einem anderen Umfeld. Das Gleiche gilt übrigens auch für Personalentwickler und Trainer. Zu manchen Unternehmen passen manche Personalentwickler, zu anderen eben nicht. Heute glaubhaft eine kooperative Arbeitsweise zu propagieren und morgen für ein knochenhartes, funktionales Management zu werben, diese Positionen gehen nicht gut zusammen.

Werte, Visionen und Missionen sind ein Chefthema. Nicht die Mitarbeiter beschließen basisdemokratisch, welche Visionen denn nun verfolgt werden sollen. Dies muss die Leitungsebene schon vorgeben. Das ist genau wie bei Fragen der Unternehmenskultur und der Unternehmenswerte. Auch hier gibt die Leitungsebene vor, wie zum Beispiel intern miteinander oder extern mit Kunden umgegangen werden soll. Es sind klassische Top-Down-Themen. Es gibt Management- und Beratungstechniken, wie Unternehmenswerte, Missionen und Visionen entwickelt und im Unternehmen implementiert werden können. Voraussetzung hierfür ist allerdings immer, dass der Chef und die Leitungsebene dahinter stehen. Wenn Werte, Visionen und Missionen als reines Mitarbeiter-Motivationsinstrument angesehen werden, verlieren sie nicht nur ihr Gewicht, sondern können sogar ins Gegenteil umschlagen; nämlich dann, wenn sich leistungsstarke Mitarbeiter hierdurch manipuliert fühlen.

Wenn Visionen, Missionen oder Aspekte der Unternehmenskultur einmal entwickelt und festgelegt sind, müssen sie kommuniziert und vor allem in die Arbeitswelt der Mitarbeiter transferiert werden. Hieran sollten die Mitarbeiter dann unbedingt beteiligt werden. Zum Beispiel wäre dann die folgende Diskussion zu führen: Wenn wir Marktführer werden wollen, was heißt das für unsere konkreten Arbeitsweisen, was heißt dies ganz konkret für jeden Einzelnen in seinem Arbeitsbereich?

Zusätzlich müssen zur Erhöhung der Glaubwürdigkeit Werte, Visionen und Missionen von Vorgesetzten zwingend vorgelebt werden. Ein Prüfstein hierfür sind immer die formulierten Jahresziele. Jeder Mitarbeiter wird sich fragen: Passen meine Ziele wirklich zu den Visionen, oder handelt es sich hier um verschiedene Welten? Ist alles stimmig, identifizieren sich viele Mitarbeiter mit ihrer Arbeit und stellen ihre Leistungskraft, ihre Ideen und Kreativität gerne in den Dienst ihres Unternehmens. Gibt es bei persönlichen Zielen und den übergeordneten Strategien, Visionen und der Mission aber Inkongruenzen, haben die Vorgesetzten ein Glaubwürdigkeitsproblem.

TAKE HOME

Das Große und Ganze im Blick zu behalten, heißt, dass es in gut geführten Unternehmen neben definierten Maßnahmen, Zielen und Strategien auch Unternehmenswerte, Visionen und Missionen gibt. Werte sind etwas, was Personen und Unternehmen antreibt, was ihnen wichtig ist. Visionen beschreiben eine Idee, wie die langfristige Unternehmens- oder Abteilungsentwicklung aussehen soll. Missionen haben primär den Markt und die Kunden im Blick und legen für eine Organisation oder eine Abteilung fest, wofür sie überhaupt da sind. Werte, Visionen und Missionen geben den Mitarbeitern Orientierung, vermitteln Wertschätzung und können motivieren, wenn sie stimmig sind, authentisch und glaubwürdig vermittelt werden. Das Große und Ganze ist ein Klavier mit vielen Tasten.

Regel 14
Üben Sie Führung

Üben Sie Führung

Warum um alles in der Welt soll ich üben? Es reicht doch, wenn ich um die Dinge weiß. Diese Meinung vertreten viele. Haben Sie das auch schon einmal gehört? Das Dumme ist nur, Wissen ist leider nur der erste Schritt. Der zweite ist der Weg vom Wissen zum Können – und dieser geht nur durch Üben. Eine möglicherweise unbequeme Erkenntnis.

Bevor man sich jetzt aber blind zum nächsten Workshop anmeldet und unter Umständen viel Energie, viel Zeit und Geld investiert, lohnt sich eine kurze Reflektion. Was gehört alles zu einer gestandenen Führungskraft? Wo bin ich bereits gut? Was sollte ich mir unbedingt noch aneignen? Eine Hilfe kann das Führungskonzept der Business School für Management & Vertrieb sein, in dem die Elemente guter Führung schematisch zusammengefasst sind (siehe nächste Seite).

Gute Mitarbeiterführung lernt man allerdings nicht nur in Workshops. Die Anwendung im beruflichen Alltag gehört zwingend dazu. Gemachte Führungsfehler gehören leider auch dazu. Empfehlenswert ist es, sich in einem ersten Workshop mit Führungsgrundlagen vertraut zu machen. Auch erste wichtige Grundlagentechniken wie das situative Führen nach Blanchard und Hersey, präsentieren/moderieren, Projektarbeit oder die SMARTe Zielsetzung in Mitarbeitergesprächen sollte man sich erarbeiten. Dann ist eine mehrwöchige Phase empfehlenswert, in der die ersten Erkenntnisse bei den eigenen Mitarbeitern angewendet werden. Idealerweise wird diese Praxisphase durch den Vorgesetzten der Führungskraft als Sparringspartner begleitet. Coaches, interne oder externe Trainer können ebenfalls bei der Umsetzung behilflich sein.

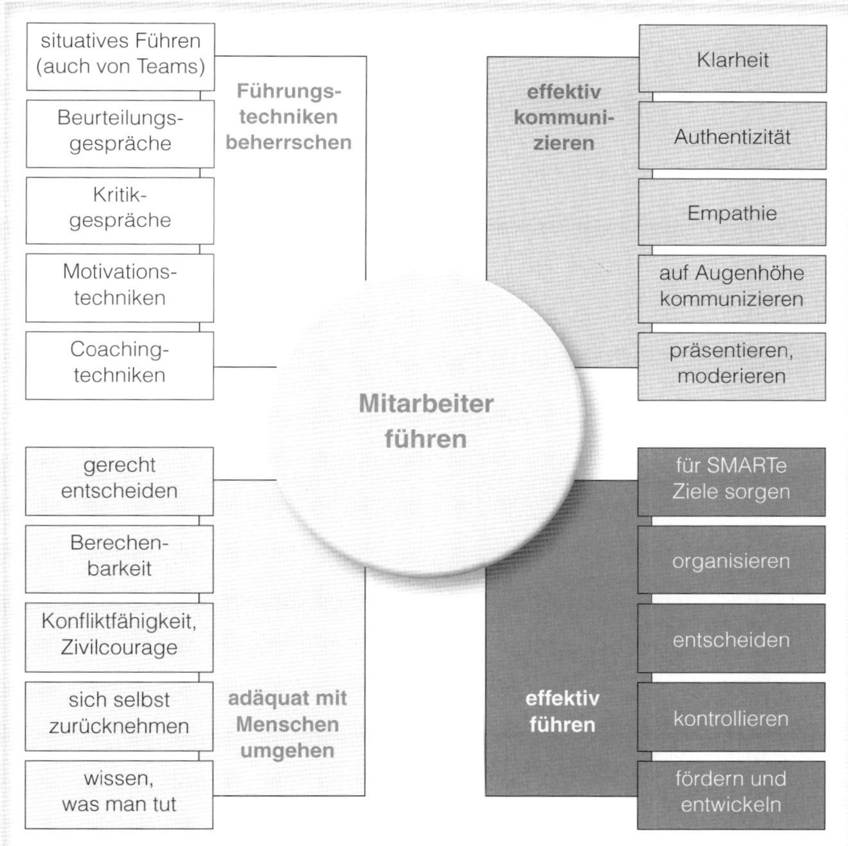

Erst danach sollte der zweite Workshop erfolgen, in dem weitere Techniken erlernt werden. Kleingruppen und eine anspruchsvolle Methodik mit Videofeedback gehören bei guten Führungstrainings heute zum Standard. Ein Grundlagenzyklus aus drei bis vier Workshops mit den entsprechenden Praxisphasen dazwischen unterstützt die Professionalisierung des eigenen Führungsverhaltens enorm.

Praktizierte Führung findet primär im direkten Gespräch mit dem Mitarbeiter statt. Hier gibt es drei klassische Situationen, für die sich Führungskräfte schrittweise professionalisieren sollten:

- Die tägliche Führungsinteraktion in der „normalen" Situation. Die erforderlichen zentralen Methoden hierbei sind ein vorhandenes klares eigenes Führungsverständnis und die Beherrschung des situativen Führens.
- Die motivierende Situation. Hierzu braucht man Kenntnisse von verschiedenen Motivationsmodellen mit ihren jeweiligen Vor- und Nachteilen sowie der Fähigkeit einer motivierenden Ansprache von Mitarbeitern. Umgang mit handlungsleitenden Mitarbeitermotiven, mit verschiedenen Motivtönungen und ein technisch sauberes Aussprechen von Anerkennung und Wertschätzung, wie sie spezialisierte Trainer für Transaktionsanalyse vermitteln, gehören dazu.
- Die als schwierig erlebte Situation. Dazu benötigt die Führungskraft Kenntnisse zur Entstehung von Konflikten, zur Lösbarkeit von Konflikten und auch zum Führen von Kritik- und Korrekturgesprächen.

Eine Professionalisierung der Führungskräfte durch solch ein Konzept ist erprobt. Eine Alternative ist ein längerer Führungsworkshop von einer bis zwei Wochen am Stück. Viele Managementschulen bieten solche Kompaktkurse an. Unsere Erfahrungen gehen in eine andere Richtung. Lieber mehrere kurze Impulse mit Praxisphasen dazwischen mit einem regelmäßigen Austausch über Umsetzungsschwierigkeiten. Die Anzahl der Workshoptage mit Präsenztraining ist dabei nicht höher als in Blockkursen. Die Lernkurve für die Führungskräfte verläuft mit dieser Sequenzmethode jedoch deutlich steiler.

Nach diesen Grundlagen-Workshops erfolgt dann die weitere Professionalisierung der Führungskräfte. Hierzu gehören zum Beispiel die folgenden Themenbereiche:

- Führen sogenannter Remote Teams
- Projekt- und Prozessmanagement
- Führen von Führungskräften
- systematische Teamentwicklung, von der Gruppe zum Hochleistungsteam
- erfolgreiches soziales Verhalten
- arbeitsrechtliche Grundlagen
- konstruktiver Umgang zwischen Geschäftsführung und Betriebsrat
- werteorientierte Führung mit der Umsetzung der Kardinaltugenden im heutigen Führungsalltag

Abgerundet werden die reinen Führungstrainings dann durch ein spezifisches Einzelcoaching, bei dem die Themenbereiche durch die Führungskraft selbst festgelegt werden. Hierbei werden dann Hindernisse und Hürden bei der Umsetzung der eigenen Vorhaben besprochen und Lösungen hierzu erarbeitet.

Zum Schluss der Praxistipp schlechthin: Mäßigen Sie sich bei Ihren Ansprüchen an sich selbst. Niemand kann vierzehn Empfehlungen gleichzeitig beherzigen. Sollten Sie dies trotzdem versuchen, werden Sie sich überfordern. Suchen Sie sich diejenige Empfehlung heraus, die Ihnen am sympathischsten ist. Professionalisieren Sie sich hierin und setzen Sie diese nach einem Workshop oder anderer intensiver Beschäftigung hiermit in den nächsten 48 Stunden das erste Mal um. Wir geben diese Empfehlung allen Teilnehmern an unseren Workshops und nennen dies scherzhaft die „Business-School-48-Stunden-Regel“. Besuchen Sie auch keinen Workshop und fahren danach direkt in Urlaub. Mit hoher Wahrscheinlichkeit werden Sie dann gar keinen von Ihren guten Vorsätzen umsetzen. Verschieben Sie lieber Ihre Workshopteilnahme auf einen späteren Zeitpunkt. Seien Sie geduldig mit sich selbst und etwas defensiv bei Ihren eigenen Zielen. Führung lernt man nicht in sechs Wochen. Es ist ein jahrelanger kontinuierlicher Prozess der permanenten Verbesserung. Es ist wie das Besteigen hoher Berge. Man kommt oben an, indem man irgendwann losgeht und dann kontinuierlich Schritt für Schritt die Füße voreinander setzt.

TAKE HOME

Überlegen Sie sich, wo Sie bereits gut sind und überlegen Sie, was Sie sich gerne aneignen möchten. Dann qualifizieren Sie sich entsprechend und achten auf einen hohen Praxisanteil in den Workshops, die Sie besuchen möchten.

Viel Spaß und Erfolg bei der Umsetzung dieser Empfehlungen und den Tipps in Ihrer täglichen Arbeit.

Literatur zum Nach- und Weiterlesen

Csikszentmihalyi, Mihaly: Flow im Beruf. Das Geheimnis des Glücks am Arbeitsplatz, 2004. Klett-Cotta Verlag

Ebbinghaus, Hermann: Über das Gedächtnis. Untersuchungen zur experimentellen Psychologie, 1885. Duncker & Humblot

French, John P. R. Jr. und Raven, Bertram: The bases of social power. In: D. Cartwright and A. Zander (eds.), Group dynamics, 1960. Harper and Row

Harris, Thomas A.: Ich bin o.k. Du bist o.k., 1973. Rowohlt Verlag

Hemel, Ulrich: Wert und Werte, 2005. Hanser Verlag

Hersey, Paul und Blanchard, Kenneth: Management of Organizational Behavior, 4. Auflage 1982. Prentice-Hall

Herzberg, Frederick et al.: The Motivation to Work, 2. Aufl. 1959. Wiley

Kiechle, Stefan: Macht ausüben, 3. Auflage 2010. In: Ignatianische Impulse, Band 13. Echter Verlag

Lay, Rupert: Charakter ist kein Handicap, 2000. Urania Verlag

Lay, Rupert: Dialektik für Manager, 13. Auflage 1987. Wirtschaftsverlag Langen-Müller/Herbig

Lay, Rupert: Ethik für Manager, 1996. Econ-Taschenbuch-Verlag

Malik, Fredmund: Führen Leisten Leben, 2006. Campus Verlag

Pieper, Josef: Über die Tugenden, 3. Auflage 2010. Kösel Verlag

Posé, Ulf: Ethik für Einsteiger, 2011. Edition-winterwork

Schneider, Wolf: Deutsch für Profis, 18. Auflage 2011. Goldmann Verlag

Schulz von Thun, Friedemann et al.: Miteinander reden von A bis Z: Lexikon der Kommunikationspsychologie, 2012. Rowohlt-Taschenbuch-Verlag

Watzlawick, Paul et al.: Menschliche Kommunikation, 12. Auflage 2011. Verlag Hans Huber

Weber, Max: Wirtschaft und Gesellschaft – Grundriß der verstehenden Soziologie, 4. Auflage. 1956. Mohr

Die Autoren

Dr. Peter Hügelmeyer

Biologe. Viele Jahre in Leitungsfunktionen pharmazeutischer Unternehmen tätig. Vom Leiter medizinisch-wissenschaftlicher Gruppen über Produktmanagement- und BU-Leitungsfunktionen über Vertriebsleitungen mit 400 Mitarbeitern bis zum Geschäftsführer. Seit 2004 Partner in der Business School für Management & Vertrieb München. Arbeitet als Trainer sowie als Berater für Marketing- und Vertriebsfragen. Er hat Führungskräfte in Industrieunternehmen (von Regionalleitern bis zu europäischen Geschäftsführern) wie auch in der öffentlichen Verwaltung ausgebildet, weitergebildet und begleitet. Er ist davon überzeugt, dass sich werteorientierte Führungsprinzipien für ein Unternehmen auch betriebswirtschaftlich lohnen.

Carsten Magnus

Pädagoge und Sprachwissenschaftler. Viele Jahre in Leitungsfunktionen pharmazeutischer Unternehmen tätig: Marketing, Vertrieb, Training und Personalentwicklung. Von der Leitung spezialisierter Projektgruppen bis zur Führung von Führungskräften in Vertriebsorganisationen mit mehr als 100 Mitarbeitern. Seit 2004 Partner in der Business School für Management & Vertrieb München. Arbeitet als Trainer sowie als Leiter des Trainerteams. Bildet Führungskräfte unterschiedlichster Ebenen in der Industrie sowie Trainer aus. Er ist davon überzeugt, dass zielgerichtete situative Führung ein Key-Success-Factor für Unternehmen ist.